JN445463

NCS 기반으로 한
뷰티 트렌드 분석 및 개발

ANALYSIS AND DEVELOPMENT OF BEAUTY TRENDS

이현진 · 임선희 · 유현아 · 하성현 · 차현희 공저

光文閣
www.kwangmoonkag.co.kr

머리말

듀프렌느(Dufrenne)는 그의 연구에서, 미는 객관에 의한 절대적인 것과 주관에 의한 표현의 장단점을 각각 절충하는 것이며, 보편적이고 개별적인 것이라고 말한다.

디자이너를 꿈꾸는 많은 사람은 수많은 대중에게 다가가기 위한 혁신적이고 보편적인 뷰티 디자인을 개발하기 위해 노력하고 있다. 아름다움을 만드는 사람들은 새롭고 창의적인 것을 추구하며, 어떠한 스타일이 트렌드로 나타날 것인지에 대한 예측을 할 수 있어야 한다. 이러한 예측들은 반복적인 정보 수집과 분석으로 가능하다.

디자인을 개발하기 위해서는 많은 정보 수집과 조사를 필요로 하며, 무엇을 어떻게 접근하는 것이 좋은지를 고민한다. 새로운 디자인을 개발하기 위해선 트렌드를 먼저 알아야 하고, 트렌드를 분석하다 보면 대중들에게 다가갈 수 있는 보편적이며 개별적인 디자인에 접근하기 쉬워지고, 트렌드에 맞는 디자인을 개발하게 될 것이다.

트렌드를 분석하기 위해 정보를 수집하고 마인드맵을 작성하며 나무의 줄기처럼 정보와 아이디어를 정리하다 보면 찾고자 하는 것이 무엇인지, 나는 무엇을 보고 있었는지에 대해 접근할 수 있다.

이 책에서는 트렌드를 알아보는 방법과 트렌드 아이콘들을 살펴보고 현재의 트렌드에 대한 정보 분석을 통해 마인드맵과 트렌드 분포도 등을 작성하여 가장 유용하다고 판단되는 뷰티 디자인에 대한 분석과 도해도를 작성하도록 했다. 도해도 작성을 기반으로 색상을 추가하거나 삭제하여 새롭게 뷰티 디자인을 구상하고, 구상된 아이디어를 통해 실제 디자인한 스타일을 제작하여 뷰티 디자인 개발을 완성해 볼 수 있도록 구성했다

뷰티 트렌드를 선도해 가고자 하는 모든 사람에게 도움이 되길 바라며 책을 출간하게 되었다. 끝으로 책을 펴내 주신 광문각 박정태 회장님과 임직원께 고마움을 표한다.

저자 일동

헤어디자인 개발에는 다음의 과정을 통해 진행한다.

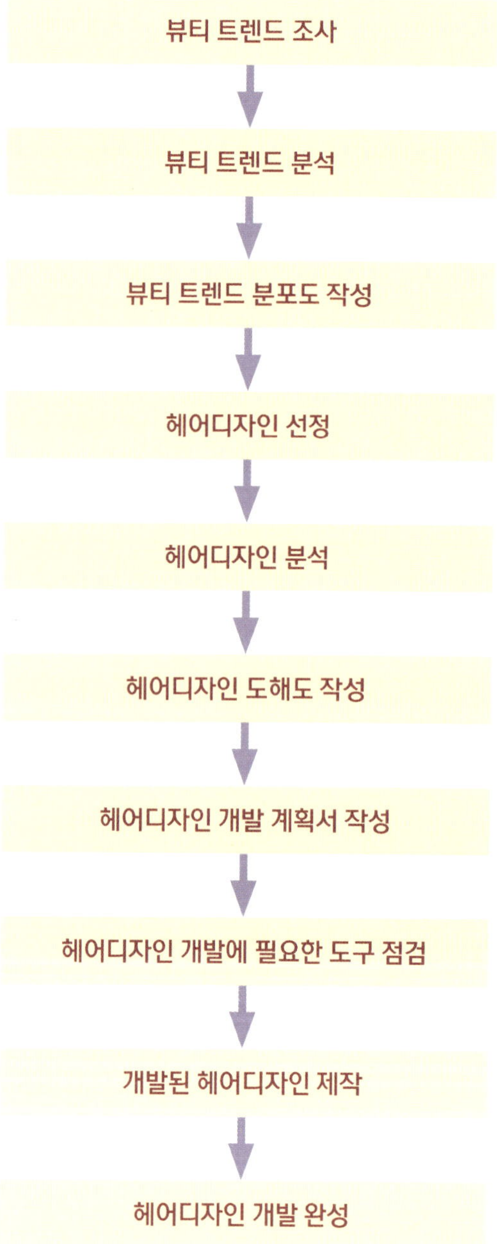

CONTENTS

PART 01

트렌드 분석

ANALYSIS AND DEVELOPMENT OF BEAUTY TRENDS

PART

01 트렌드

ANALYSIS AND DEVELOPMENT OF BEAUTY TRENDS ANALYSIS AND DEVELOPMENT OF BEAUTY TRENDS ANALYSIS AND

트렌드(Trend)의 사전적 의미는 '동향, 추세'를 말한다. 미국의 트렌드 전문가 페이스 팝콘은 트렌드를 "일시적 유행이란 시작은 화려하지만 곧 스러져버리는 것이다."라고 말한다. 트렌드는 현재의 흐름을 관찰하고 분석하여 새로운 흐름을 예상하고 미래의 동향을 예상하는 것이라고 할 수 있다.

1. 트렌드 관찰 방법

트렌드를 알기 위해 어떻게 무엇을 관찰해야 하는지에 대한 방법은 다양한 매체인 서적, 인터넷, SNS 등을 통해 알 수 있으며 우리가 생활하고 있는 주변의 모습에서 알아볼 수 있다. 이러한 여러 가지 상황에 따라 다양한 관점에서 바라봄으로서 현재의 특징을 파악하고 새로운 흐름을 예상해 볼 수 있다. 트렌드를 관측하는 다양한 방법 중 박병철은 《트렌드 읽는 법》에서 트렌드(TREND)라는 단어를 이용하여 T(혁신)·R(구조)·E(진화)·N(관계)·D(수요)의 5가지로 표현했다. 트렌드를 읽는 5가지의 방법은, 트렌드는 읽고, 새로운 디자인을 생각하며, 다양한 정보의 형태에서 고객이 요구하는 디자인을 창출해 냄으로서 시장의 변화를 함께 할 수 있는 트렌드 관찰 요소이다.

1) Transform(트랜스폼)

혁신이라는 의미의 Transform은 단어에서 볼 수 있듯이 이전의 흐름에서 벗어나 형태나 내용이 완전히 변화되는 것이다.

2) Restructure(리스트럭쳐)

구조라는 의미의 Restructure는 구성하고 있는 요소들의 변화를 말하며 이러한 구조의 변화를 알아봄으로써 미래의 시장을 어떻게 변화시킬 것인지를 예측할 수 있다.

3) Evolution(에볼루션)

진화라는 의미의 Evolution은 과거부터 현재까지 이어오고 있는 흐름이 서서히 변화하고 개발되어 새롭게 나타난 디자인이나 제품의 변화이다. 이 변화를 통하여 고객은 무엇을 원하고 있는지, 어떠한 것을 제안해야 하는지에 대한 것을 알 수 있다. 트렌드를 알아야 디자인을 과거보다 새롭게 발전시킬 수 있다.

4) Network(네트워크)

관계라는 의미를 가지고 있는 Network는 최근에 인터넷이나 SNS를 통해 사람들 간의 소통이 이루어지는 것으로 더욱 강력한 트렌드를 알 수 있는 강력한 도구라는 것을 알 수 있다. 네트워크를 통한 전 세계의 흐름을 알고 새로운 디자인을 개발하여 고객과의 소통을 원활히 할 수 있다.

5) Demand(디마인드)

수요의 의미인 Demand는 고객이 요구하는 디자인은 무엇인지에 대한 것을 예측하여 대응할 수 있도록 준비함으로써 고객의 만족도를 높이고 변화에 대한 빠른 흐름을 적용해야 한다.

2. 트렌드 와칭

트렌드를 파악하기 위해서는 다양한 정보를 찾아 실제로 움직이고, 이해하고, 적용하기 위해서 트렌드를 어떻게 볼 것인가에 대한 고민을 하여야 한다. 이에 대한 것은 김선주 · 안현정의 《트렌드 와칭》에서 알아 볼 수 있다. 이 '트렌드 와칭'은 일상에서 관찰을 통해 트렌드를 파악하는 방법의 일종으로 트렌드 관찰법이다.

1) 트렌드 와칭(trend watching)

'트렌드(trend)'와 '와칭(watching)'을 결합해 만든 조어(造語)이다.

'트렌드'는 사회 전반에 걸쳐 우리의 생활과 문화가 변화해 가는 동향과 흐름을 말한다. 또한, '와칭'은 사전적 의미로 '지켜보다, 주시한다'로 관찰 대상을 파악해 보는 것을 말한다. 이러한 트렌드 와칭은 문화 · 디자인 · 사회 등의 흐름을 지켜보고 파악함으로써 새로운 디자인을 개발하고 적용하기 위해서 필요로 한다.

2) 트렌드의 종류

일반적으로 트렌드는 '약 5~10년에 걸쳐 지속되는 변화의 동향 추세로서 대다수 사람이 영향을 받는 변화'라고 할 수 있을 것이다. 흐름의 동향, 추세에 영향을 받는 사람들은 누구인지, 얼마나 지속하는지에 따라 구분된다.

(1) 마이크로 트렌드(micro trend)

트렌드를 받아들이는 사람들이 사회 전반이라기보다 일부로서 특정 선호하는 고객으로 구성될 수 있으며, 지속 기간은 고객의 성향에 따라 길 수도 짧을 수도 있다.

(2) 메가 트렌드(mega trend)

고객의 선호하는 트렌드가 10년 이상 걸쳐서 지속되며 범위도 넓은 것이 특징이다.

(3) 패드(fad)

미국 델라웨어대학의 사회학 및 형사사법학부 교수인 조엘 베스트가 《댓즈 어 패드》(2006)를 통해 정식화한 것으로 'For a day'를 말한다. 1년 미만의 짧은 시간에 급격하게 인기를 보이다가 최고점에 이른 후 사라진다.

3) 와칭(watching)

'watch'는 '지켜보다, 주시하다, 세부적인 것을 보고 의미를 찾다'라는 뜻으로 해석할 수 있다. '보다(see)'의 '지켜보다, 주시하다'와 구분한다면 'seeing'은 단순하게 바라보는 것으로 시각을 말하고, 'watching'은 시간과 관심을 가지고 바라보는 관찰을 말하며, 이러한 watching은 관찰하는데 다양한 정보를 얻을 수 있다.

(1) 시장과 사회의 변화에 대처

우리가 살고 있는 사회는 무한 경쟁의 사회로 기술의 발전은 점점 빨라지고 있다. 이러한 변화는 머물러 있는 디자인보다는 변화에 대응하는 혁신을 요구하고 있다. 다양한 매체를 통해 변화를 알 수도 있지만, 변화의 중심인 고객의 요구를 직접 접해 보고 분석해 봄으로써 디자인 아이디어를 개발할 수 있다.

(2) 새로운 아이디어

개발하고자 하는 분야의 트렌드를 파악하는 것은 새로운 아이디어를 얻기 위한 기초적인 작업에 속하며, 이러한 흐름의 순환과 고객의 요구를 융합하여 창의적인 아이디어를 얻을 수 있다.

(3) 요구 파악

고객과의 많은 대화와 행동에서 고객이 원하는 디자인을 파악하고 자신의 생각을 표현하기 어려워하는 고객의 요구사항을 알아내고, 그것에 대한 새로운 디자인을 제시함으로써 고객을 만족시킬 수 있다.

4) 트렌드 와칭의 방법

(1) 타운 와칭(town watching)

고객들이 살아가는 도시(town)를 구성하는 사람들의 모습에서 현재의 트렌드를 읽어내는 것에서부터 시작할 수 있다. 다양한 사람들의 모습에서 현재의 흐름을 볼 수 있는데, 이러한 사람들의 모습에서 얻을 수 있는 정보들은 광범위해서 구성원 중에 연령과 지역 등을 선정하고 어떤 것을 볼 것인지에 대한 기준을 정한 후 정보 데이터를 수집해야 한다.

(2) 홈 비지팅(home visiting)

고객의 집을 방문하여 고객의 다양한 의견을 수집하는 것으로 방문 전에 인터뷰할 내용을 정리하는 것이 중요하다. 고객이 잘 표현할 수 없는 내용들을 인터뷰 내용으로 정리하여 질문한다면 고객에게서 알고자 하는 정보를 찾아냄으로써 아이디어로 발전시킬 수 있다.

(3) 매장 와칭(store watching)

고객들이 방문하는 매장에서 고객의 요구 사항과 추구하는 모습들을 관찰함으로써 현재의 트렌드를 알 수 있다. 이러한 관찰에서 디자인의 흐름을 알 수 있으며 새로운 형태로의 디자인 흐름을 구성할 수 있다.

(4) 대중매체 와칭(mass media watching)

대중매체인 신문 · 잡지 · 텔레비전 · 인터넷 · SNS에서 접할 수 있는 정보를 파악함으로써 트렌드의 흐름을 예측하고 디자인에 적용하여 고객이 요구하는 스타일에 디자이너의 새로운 아이디어를 더함으로써 새로운 트렌드를 만들어 낼 수 있다.

3. 트렌드 아이콘

트렌드는 과거에서 미래로 연결된다. 특히 디자인 트렌드에서는 패션 트렌드를 아이콘으로 다양하게 표현하고 있다. 이러한 트렌드 아이콘의 특징을 안다면 타인과의 소통에서 공통적인 요소를 이해할 수 있다.

1) 클래식(classic)

고대 로마의 최상층 계급인 클라시쿠스(classicus)에서 유래한다.

클래식은 '고전의', '모범적인', '전형적인' 등의 의미로 고대 그리스, 로마의 예술이나 문학을 말한다. 그러나 그리스 · 로마풍의 고전적인 엠파이어 스타일은 시대를 초월한 가치와 보편성을 갖는 유행에 영향을 받지 않는 스타일을 말한다.

2) 트레디셔널(traditional)

'전통의', '전통적인', '고풍스러운'이라는 뜻을 가지며 트래드 룩(trad look)이라고도 한다. 클래식의 하위 개념으로 각 민족에서 형성된 고유의 특성이 오랜 기간 유지되어온 특성을 의미한다. 1940년대 아이비리그(Ivy League) 대학생들의 평범하고 실용적이며 스포티한 기능을 갖춘 의복에서 찾을 수 있다.

3) 빈티지(vintage)

빈티지 와인에서 전해진 용어로 '수확기의 포도' 또는 '포도주 숙성' 등을 의미하는데, 숙성된 포도주처럼 오래되어 깊은 맛과 편안한 느낌을 나타낸 패션을 말한다. 1970~1980년대 통기타 가수들의 청바지를 대표적으로 볼 수 있으며, 오래되어도 가치가 있는 것을 말한다.

4) 에스닉(ethnic)

'민족적인', '이교도의', '민속풍의'라는 뜻으로 라틴어의 에스니커스(ethnicus)와 그리스어의 에스니코스(ethnikos)에서 유래했다. 유럽 민족 이외의 아프리카, 중동, 중남미, 중앙아시아, 몽고 등의 스타일을 가리킨다. 20세기 초기에 폴 푸아레(Paul Poiret)의 작품에서 동양적인 느낌이 강한 종류의 패션에서 볼 수 있다.

5) 에콜로지(ecology)

'생태학'이란 뜻으로 희랍어 오키오스(okios: 집)와 로고스(logos: 학문)의 합성어이다. 과도한 문명 발달과 자연 파괴의 공포가 배경이 되어 급속하게 나타났으며 자연 회귀 성향을 가진 자연스럽고 원시적인 히피 스타일 패션과 자원 재활용 등을 들 수 있다.

6) 트로피컬(tropical)

'열대의', '열대 지방의' 또는 '열렬하고 정열적'이란 뜻으로, 남국풍의 타탄 무늬와 밝은 색조를 많이 사용하여 남국적인 이미지를 강하게 표현하고 있다. 열대지방의 강렬한 색상으로 작열하는 태양의 붉은색, 열대과일의 노랑과 주황, 바다의 코발트색, 짙은 초록색, 연두색으로 잎이나 꽃무늬의 큰 문양을 모티브로 한 디자인을 말한다.

7) 아르누보(art nouveau)

아르누보는 '새로운(nouveau) 예술(art)'을 의미하며 독일에서는 유겐드스틸(jugent stil), 이탈리아에서는 스틸리버티(stile liberty), 오스트리아에서는 시세션(secession) 등으로 불렸다. 유기적인 곡선과 비대칭적이고 율동감으로 표현하였다. 여성적인 몸의 곡선을 나타내는 S 실루엣과 모래시계 모양의 실루엣을 표현하면서 꽃과 넝쿨의 곡선과 아라베스크 문양, 곤충의 꿈틀거림의 모양이 대표적이다.

8) 아르데코(art deco)

1925년 파리에서 개최된 '현대 장식 미술 · 산업미술국제전'에 연유하여 붙여진 이름으로, 아르 데코라티프(art decoratif)의 약칭이다. 모래시계 형태와 S형의 실루엣을 거부하고 로우 웨이스트의 직선형 실루엣이 유행하였으며, 이는 여성스러움보다는 단순함을 강조한 디자인이다.

9) 큐비즘(cubism)

명사인 '큐브(cube)'에서 파생된 단어로 정육면체, 삼각뿔, 구, 원통, 원추상 등의 입방체를 뜻한다. 미술에서 말하는 큐비즘은 입체파, 입체주의라는 뜻으로 쓰인다. 자연의 여러 형태를 기하학적 형상으로 환원하였는데, 단순하고 실용적이며 기능적인 디자인으로 나타난 프랑스의 복식 디자이너인 장 파투의 수영복에서 나타난 기하학적인 모양을 모티브로, 실용적이면서도 화려한 조합은 미국적 취향의 단순함과 프랑스의 세련됨을 적절히 결합한 표현이다.

10) 팝아트(pop art)

팝(pop)이란 'popular'의 약자로 '대중적인', '인기 있는'이란 뜻이며, 의상에 만화나 상징적 기호를 반복하여 프린트한 마릴린 먼로의 얼굴, 미키마우스를 전면에 사용하여 사회적 현상과 예술을 접목한다.

11) 미니멀리즘(minimalism)

미니멀(minimal)이란 '최소의', '극소의'라는 뜻으로, 미니멀룩은 장식적인 디자인을 제거하고 심플한 디자인과 직선적인 실루엣으로 표현된다. 'ABC art', 'cool art', 'primary structures', '순수 오브제', '환원 예술', '부정적 예술', '제3의 흐름', '실제의 예술' 등 그 명칭이 다양하다. 대표적인 스타일 미니스커트는 인체를 자유롭게 드러냄으로써 젊음과 자유를 향한 열망이 강했던 사회 분위기와 경쾌함을 표현한다.

12) 지오메트릭(geometric)

'기하학의', '기하학적인'이라는 의미의 형용사로 옷감의 무늬가 기하학적이거나 실루엣 자체가 세모, 네모, 또는 모래시계 등의 기하학적인 이미지를 담고 있다. 1964년 영국의 비달 사순의 캡 헤어스타일에서 기하학적인 커트를 플러스한 머리형을 소개했다.

13) 옵아트(opt art)

'optical(시각상의)'과 'art(예술)'의 줄임말로 시각의 원리에 근거를 둔 추상적 · 기하학적 · 기계적인 형태나 패턴 등의 반복으로 인해 생리적인 착각 반응을 일으키는 예술을 가리킨다. 팝아트의 상업주의와 지나친 상징성에 대한 반동적 성격으로 나타났다. 바둑판무늬, 동심원 같은 단순하고 반복적인 형태 명도가 같은 보색 등을 사용하여 멈춰 있는 것이 움직이는 것 같은 착시 현상을 일으킨다.

14) 키네틱아트(kinetic art)

키네틱(kinetic)이란 '동적인', '활동적인', '운동의'라는 뜻으로, '움직이는 예술'이라고 번역되며 움직임을 말한다. 모빌의 움직임을 도입한 복식이나 온도 변화에 따라 다양한 색상과 문양으로 변하는 신소재를 사용하여 실루엣에 다른 소재가 나타나는 듯한 착각을 이용하여 예술로 표현한다.

15) 히피(hippie)

1966년 탈 사회적 행동과 자연을 찬미하는 청년층에 의해 미국 샌프란시스코, LA 등지에서 시작되었으며, 어원으로 happy(행복한)에서 나왔다는 설과 hipped(열중한, 화가 단단히 난)에서 나왔다는 설, 재즈 용어인 hip(가락을 맞추다), 엉덩이를 뜻하는 hip 등에서 나왔다는 설 등이 있다. 형제애나 신과의 일체감에 대한 열망은 약물을 복용하거나 관능적이고 불안정한 리듬의 생활 방식에도 나타나서 낡고 더러운 의상과 노출, 현란한 낙서 등을 대표적인 스타일로 들 수 있다.

16) 펑크(punk)

속어로 '비틀거리는 사람', '비겁자'라는 의미 외에 한심하고 보잘것없는 것, 불량한 소녀 풋내기라는 의미를 가진다. 1976년 영국의 록밴드 섹스 피스톨즈의 의상이 인기를 끌면서 파괴적이고 극단적인 것을 기대하며 특이한 헤어스타일, 피어싱, 타투, 보디페인팅과 찢어진 청바지, 마이크로 미니스커트, 가죽에 징을 박은 모터바이크 점퍼 등의 기묘한 복장을 즐긴다. 비비안 웨스트우드는 노동 계층이 모여 있는 킹스 로드에 'Let It Rock'이라는 매장을 열면서 유행이 확산된다.

17) 사이키델릭(psychedelic)

'환각제의', '환각을 일으키는'이란 뜻으로 그리스어인 사이키(psyche: 정신)와 영어인 데리커시(delicacy: 섬세)이 합성어이다. 1943년 호프만 박사에 의해 처초로 발견된 리세르그산 디에틸아미드(LSD)로 대표되는 환각제를 사용하여 환각 상태에서 표현한 것들로 사이키델릭한 조명(오색찬란한 조명)과 사이키델릭한 음악(지극히 감각적인 록, 헤비메탈) 등에서 볼 수 있듯이 어른거림과 현란한 색상들이 시각적으로 감각을 극대화시킨다.

18) 포스트모던(post modern)

'모더니즘 후(라틴어 post: 뒤, 후)'의 다음 '모던'이라는 뜻으로 모던 양식(아르데코, 바로크, 아르누보)의 특징을 흡수한 새로운 모드를 만들고 모더니즘 이후에 나타난 비판

현상을 말한다. 기존의 것들에 대한 재현을 거부하지만 과거와의 단절이 아니라, 미래에도 계속 변화하며 다양성을 제시하고자 한다. 이는 역사적 배경과 함께 예술가의 의지, 디자이너의 영감에 따른 디자인을 역사적 요소인 장식성, 낭만성, 페미니즘, 아방가르드 등 모든 것이 다양하고 복합적으로 나타난다고 볼 수 있다.

19) 아방가르드(avant garde)

'전위'라는 뜻으로 전쟁에서 본대에 앞서 적진에 투입되어 적의 움직임을 파악하는 척후병을 뜻하며, 전위 예술(avant-garde art)이라고도 하여 혁신적인 창작을 가리킨다. 아방가르드의 특징은 획일적인 고정관념을 깨뜨리고 인체의 형을 전혀 고려하지 않은 실용성을 배제하고, 감상의 의미가 강하며 순수한 예술 조형 작업을 시도하여 무정형성의 미래 지향적인 조형 형태로 표현하였다. 기성세대의 관념이나 정통을 배척하여 새로운 것을 창조하려고 했던 실험적 특성에 따라 동질성을 찾기 어려운 수많은 표현 방식과 형태들을 통해 독창적이면서 실험적으로 표현한 디자인을 일컫는다.

20) 보보스(bobos)

부르주아(bourgeois)와 보헤미안(bohemian)의 합성어로서 부르주아의 야망과 성공, 보헤미안의 반항과 창조성의 성향을 품고 있는 디지털 시대의 엘리트로 남성을 말한다. 토속적인 예술적 취향에 관심이 많지만 정보에 민감하고 기발한 아이디어와 자유로운 사고를 갖고 있으며, 로고가 빼곡히 박힌 명품에 개의치 않고, 빛바랜 청바지, 낡은 책가방, 직접 만든 스웨터 등 다른 사람에게 없는 것을 좋아하는 것이 특징이다.

21) 퓨처리즘(futurism)

퓨처(future)는 미래, 장래 등의 뜻으로 퓨처 룩(future look)은 매우 미래적인 감각이 풍부한 패션을 총칭한다. 미래를 테마로 한 디자인으로 금속, 하이테크, 코팅한 질감, 광택감 있는 소재 투명한 비닐 등의 소재를 사용하여 신비로움과 상상의 세계를 표현하고자 한다.

22) 메르헨(marchen)

독일어로 '동화'라는 뜻이다. 신화, 전설, 민간 설화 등에 바탕을 둔 것이다. 인간과 동등한 자격을 가진 요정, 동물, 마술사 등이 초자연적 활동을 하면서 비현실적이며 불가사의한 일이 벌어지지만 착한 사람이 승리하는 권선징악의 교훈을 담고 있다. 동화나 환상적인 이야기 분위기를 살린 아동 취향의 디자인에 로맨틱함을 갖춘 디자인을 말한다.

23) 미네트(minette)

프랑스어로 '멋을 내는 젊은이', '소녀', '귀여운 어린이'란 뜻으로 젊은 나이 여성을 말한다. 골치 아프게 생각하지 않고 가벼운 마음으로 생활하는 사람들이 발랄하고 깜찍하며 소녀적인 디자인을 선호하며 새롭고 멋있는 것이라면 적극적으로 수용한다. 미니스커트, 히피스타일, 발레리나 룩 등을 들 수 있다.

24) 로맨틱(romantic)

프랑스어의 로망(foman: 소설)에서 그 어원을 찾아 볼 수 있으며, 딱딱한 고전주의에 반해, 자유로운 인간의 감정을 표현하고자 하는 낭만주의(romanticism)에서 유래하였다. 19세기 초 프랑스의 왕정복고 시대(1915~1948)의 과장되고 우아한 장식으로 표현되며, 공주 스타일의 감성적 · 여성적 · 낭만적이며 우아한 느낌을 불러 일으킨다.

25) 판타스틱(fantastic)

'환상의, 고상의, 상상의' 라는 뜻으로 판타지(fantasy)의 형용사로서 현실적이지 않은 꿈과 같은 환상적이고 공상적인 상상 속의 세계를 표현하는 용어이다. 디자인이나 색상이 환상적인 분위기를 표현하여 실용적이고 현실적인 의상보다는 환상적이고 공상적인 꿈과 같은 세계를 표현하는 디자인을 말한다. 환상적인 색조의 반짝이 스프레이 등을 사용하기도 하며, 스팽글, 비즈장식, 새의 깃털 등의 사용은 화려한 판타스틱 룩의 중요한 장식 요소이다.

26) 매니시(mannish)

'남성풍의', '남자와 같은 여성'이라는 뜻으로 마스큘린(masculine)이라고도 한다. 여성들의 강력한 자기주장을 남성과 비슷하게 표현함으로써 억압된 사회로부터 반항의 의미로 표현되었다. 여성다움을 그대로 드러내면서도 강하고 당당함을 표현하기 위해 남성복의 아이템에 여성스러운 실루엣을 도입시키거나 섬세한 액세서리를 사용하여 여성스러움을 강조한다.

27) 댄디(Dandy)

'멋쟁이', '멋을 많이 부리는 남자'를 의미하며, 댄디 룩(Dandy look)은 세련되면서도 간결한 스타일의 패션을 말한다. 여성이 남성의 옷을 착용함으로써 성적인 매력을 풍부하게 표현되는 것을 섹슈얼 댄디(sexual dandy)라 하며, 남성의 예복인 턱시도를 백색과 흑색으로만 앙상블을 이루도록 한 스모킹 룩(smoking look)이 대표적이다. 기본적인 남성복에 특이한 소재나 화려한 액세서리로 코디네이션 하여 사치스러운 분위기를 낸 것을 바로크 댄디(baroque dandy)라 하며, 영국 섭정기(1800년대)를 기준으로 상류 사교계를 중심으로 클래식하고 중후한 멋쟁이들은 가리켜 리젠시 댄디(regency dandy)라고 한다. 헤어스타일도 쇼트 컷을 하여 뒤로 쓰다듬어 붙이거나, 앞머리는 가지런하게 하는 등 남자아이 같은 머리 모양을 한다.

28) 밀리터리(military)

'군대의', '군인의'라는 뜻으로 일반적으로 밀리터리 룩(military look)이란 육군(army)의 아미 룩(army look), 해군에서는 '마린 룩(marine look)', 공군에서는 '에어포스 룩(airforce look)'이라고 말하며, 비행사의 복장에서 힌트를 얻어 디자인된 스타일은 '파일럿 룩(pilot look)'이라고 한다. 기능적이고 활동적인 면을 추구하며 견장이나 금속 단추 등의 사용으로 군복풍을 강조한다.

29) 페미닌(feminine)

'여성다운', '여성적인'이란 뜻으로 부풀린 가슴, 잘록한 허리 등의 여성스러우면서 우아한 분위기를 말한다. 고대 그리스 신화에서부터 그 유래를 살펴볼 수 있는데 특히 사랑과 미 그리고 풍요를 상징하는 아프로디테가 여성성의 시초가 되었다고 할 수 있고, 동적인 이미지보다는 정적인 이미지가 페미닌에 가깝다고 할 수 있다. 레이스(lace), 프릴(frill), 프라운스(flounce), 리본(ribbon) 등을 이용한 트리밍이 많이 활용된다.

30) 페미니즘(feminism)

여권 확장론, 남녀 동권론 등의 역어로 라틴어의 femina(여성)에서 유래되었으며, 남녀 동권주의자 또는 여성 확장론자를 페미니스트(feminist)라 부른다. 남성의 패션을 그대로 따라 하는 매니시(mannish) 룩과 남성이 누릴 수 없는 신체적 조건이나 아이템 등을 이용하여 선정적이고 에로틱하게 표현하는 섹시(sexy) 룩, 남성과 여성이라는 성을 떠나 모두가 자유롭게 입을 수 있는 유니섹스(unisex) 룩, 그리고 남성과 여성을 떠나 하나의 인간으로 양성성을 지닌 이상적 모델을 지향하는 앤드로지너스(androgynos) 룩으로 나타난다.

트렌드 아이콘 이미지 검색 1

트렌드 아이콘 이미지 검색 2

Beauty Trend Watching 1

방법	날짜

Beauty Trend Distribution Sheet 1

방법	날짜

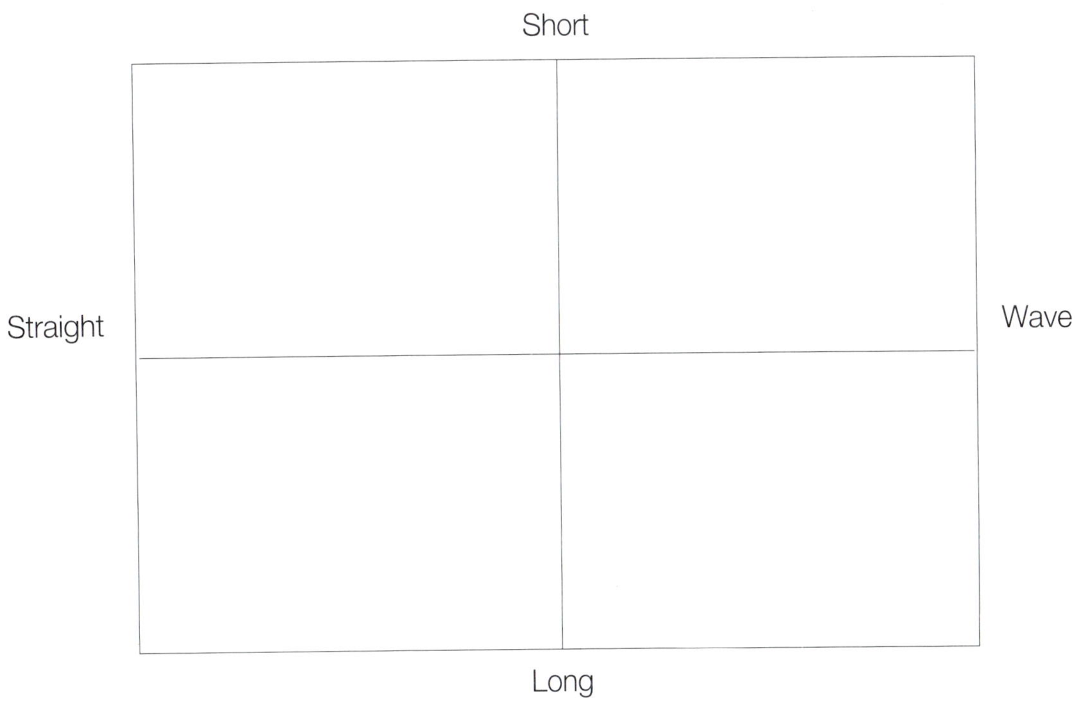

- 뷰티 트렌드 와칭에 따른 결과를 위의 표에 나열함으로써 선호하는 스타일에 대해 분석해 볼 수 있다.
- 세로는 모발의 길이에 따라 분류하고 가로는 헤어스타일의 Wave의 형성 정도에 따라 분류한다.

Beauty Trend Watching 2

방법	날짜

Beauty Trend Distribution Sheet 2

방법	날짜

	Short		
Straight			Wave
	Long		

- 뷰티 트렌드 와칭에 따른 결과를 위의 표에 나열함으로써 선호하는 스타일에 대해 분석해 볼 수 있다.
- 세로는 모발의 길이에 따라 분류하고 가로는 헤어스타일의 Wave의 형성 정도에 따라 분류한다.

Beauty Trend Watching 3

방법	날짜

Beauty Trend Distribution Sheet 3

방법	날짜

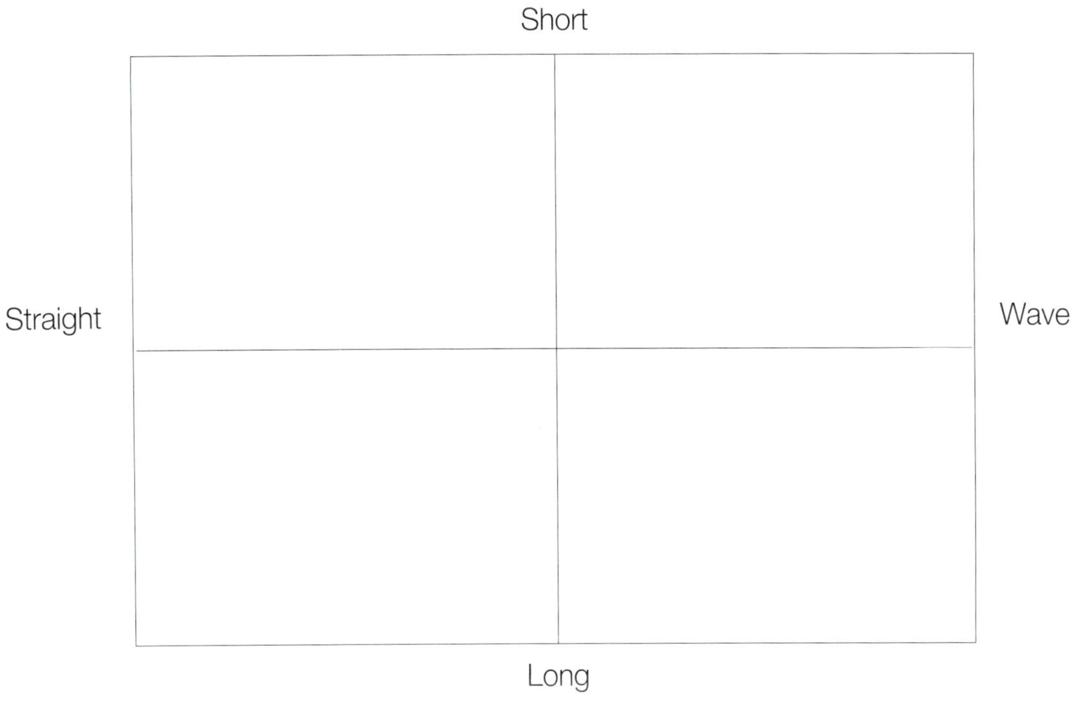

- 뷰티 트렌드 와칭에 따른 결과를 위의 표에 나열함으로써 선호하는 스타일에 대해 분석해 볼 수 있다.
- 세로는 모발의 길이에 따라 분류하고 가로는 헤어스타일의 Wave의 형성 정도에 따라 분류한다.

PART

02 아이디어 발상 및 분석

ANALYSIS AND DEVELOPMENT OF BEAUTY TRENDS ANALYSIS AND DEVELOPMENT OF BEAUTY TRENDS ANALYSIS AND

좋은 디자인을 하기 위해서는 '무엇을', '어떻게'라는 고민에서 시작된다.

사람은 하루에 평균 5만 가지 이상의 많은 생각을 하면서도 마치 무엇을 생각하고 있는지를 모를 수도 있다고 한다. 이러한 생각들을 잘 정리할 수 있다면 디자인을 위한 아이디어의 중요한 단서로 적용할 수 있을 것이다. 컴퓨터를 사용하여 검색만을 하다 보면 스쳐 지나가기 쉬워 머물러서 디자인화 하기 어렵다. 그렇기 때문에 손으로 쓰거나 그림을 그려 생각한 것을 나열하는 것이 아이디어 발상 중 최상의 방법이라고 할 수 있다.

창의적인 생각은 많은 양의 아이디어를 만들어 내는 확산적 기법과 이미 제시된 아이디어를 비판하고 선정하는 수렴적 기법이 있다. 자신이 지각하지 못하고 있는 생각들을 창의적인 아이디어로 만들어가는 확산적 기법은 다른 사람들과 다른 시각에서 사물을 바라보고 정리하는 것에서 시작된다고 볼 수 있다. 이러한 확산적 기법으로는 브레인스토밍, 브레인라이팅, 마인드맵, 스캠퍼 기법 등이 있다. PMI와 역브레인 스토밍은 제시된 아이디어를 평가하거나 문제해결을 위해 사용되는 수렴적 기법이며, 확산적 사고가 문제 해결의 후보를 찾아내는 과정이라면 수렴적 사고는 문제 해결 후보를 제거해 가는 과정이다. 또한, 문제 해결 방법 중 스왓 분석이 있다. 스왓 분석은 내부 요인의 강점과 약점, 그리고 외부 환경 요인인 기회, 위협 요인을 분석 · 평가하고 이들을 연관시켜 전략을 개발할 수 있다.

1. 브레인스토밍(Brain storming)

브레인스토밍을 알렉스 오스본(Alex Osborn, 1888~1966)이 "머리를 써서 어떤 문제를 공격하는 것(using the brain to storm a problem)"으로 간단히 정리했다. 이것은 회의실에서 신입사원들이 말을 꺼내지 못하는 것을 보고 생각했다고 한다. 보통 5~7명으로 팀을 구성해 아이디어를 내고 더 좋은 아이디어로 발전시킴으로써 '두뇌 폭풍(brain storm)'을 일으키고 아이디어들이 확산되며 눈덩이 뭉쳐지듯 연쇄적으로 이어지기 때문에 눈 굴리기(snow bowling) 기법이라고도 한다.

1) 브레인스토밍 방법

진행자 1명과 기록자 1명을 포함한 5~7명으로 팀을 구성해야 한다.

진행자는 회의를 위해 '무엇을', '왜', 하는 것이며 '어떻게' 진행할 것인지 대해 준비해야 하며, 회의 주제에 적합한 질문을 준비하여 참여자의 침묵을 자연스럽게 없애고 의견을 제시할 수 있도록 해야 한다. 보통 1시간 이상의 회의는 비효율적이며 오스본은 '브레인스토밍 → 개인 작업 → 브레인스토밍 → 개인 작업' 식으로 각자 다른 일을 하다가 다시 모여 아이디어 내는 것을 '샌드위치 기법(sandwich technique)'이라고 명명하고, 그 방법이 효과적이라고 했다(Osborn, 1949). 브레인스토밍은 네 가지 단계로 진행해야 효과적(Rossiter & Lilien, 1994)이라고 한다.

(1) 오리엔테이션

진행자의 역할이 중요하다. 참여자 입장에서는 브레인스토밍에 필요한 정보를 수집하는 단계로써 진행자가 브레인스토밍에서 하고자 하는 아이디어의 목표를 제시한다.

(2) 개별 발상

자유롭고 편안한 분위기에서 개인적으로 많은 아이디어를 생각하는 단계로써 주어진 시간 안에 주제에 적합한 아이디어를 제시된 수치에 달성해야 한다.

(3) 집단 토론

참여자가 아이디어를 제시하고 설명이 끝나면 유사한 아이디어끼리 분류하고, 서로 다른 아이디어라도 둘 이상을 조합하여 장점과 단점을 파악하고 정리하여 새로운 아이디어로 발전시켜야 한다.

(4) 평가

브레인스토밍에서 나온 의견은 내용을 정리하여 참여자에게 알려준 후에 최종 결정을 하며 경험 많은 선배들의 의견도 참고해야 한다.

2) 브레인스토밍 유의점

(1) 아이디어 비판 금지

아이디어는 좋은 것과 나쁜 것으로 구분할 수는 없다. 비판은 참여자가 생각을 밖으로 내놓는 것을 두렵게 하고 새로운 것을 발견하는 것에 큰 장애로 나타나게 된다.

(2) 자유로운 발표 보장

참여자는 좋은 아이디어가 아니라고 발표에 주저할 수 있지만, 뜻밖에 좋은 아이디어로 발선할 수 있는 단초가 될 수도 있다.

(3) 다량의 아이디어 창출

브레인스토밍에서는 아이디어의 질보다 개수가 중요하다는 연구 결과도 있다(Bergh, Reid, & Schorin, 1983).

(4) 아이디어의 확장

많은 아이디어에서 서로 관계없어 보이는 의견을 결합하여 새로운 아이디어로 발전하고 확장할 수 있도록 해야 한다.

3) 브레인스토밍 발상법의 한계

브레인스토밍을 하는 동안에 발상법의 특성상 한계를 볼 수 있는데, 다른 사람의 아이디어를 자신의 생각과 동일하다고 생각하면서 남의 아이디어에 적당히 얹혀가는 프리라이딩(free-riding)과 다른 참여자의 아이디어를 듣고 있는 동안 생각이 막히는 프로덕션 블로킹(production blocking)을 생각할 수 있다. 또한, 뛰어난 참여자가 주도적으로 제안 하는 것에 다른 참여자가 제안조차 생각해 보지 못하는 것과 다른 참여자로부터 평가는 받아야 한다는 심리적 두려움도 생각해 볼 수 있다.

Brain Storming Sheet

주제:

날짜:

진행자: 참여자:

2. 브레인라이팅(Brain writing)

브레인라이팅(Brainwriting)은 1968년에 독일의 베른트 로르바흐(Bernd Rohrbach) 교수가 브레인스토밍의 문제점을 극복하기 위하여 창안한 것으로 6-3-5기법이라고도 한다(Rohrbach, 1969). 브레인스토밍과 같이 말로 하는 것이 아니라 브레인라이팅은 글로 표현하는 방법으로 다른 사람들 앞에서 발표를 주저하거나 발표 순서에 의해 중복된 의견을 발표해야 하는 것을 부담스럽게 생각하는 참여자들의 의견을 모아 공통된 의견을 알아보는데 효과를 얻을 수 있다.

1) 브레인라이팅 방법

참여자 6명이 모임 주제에 대해 생각나는 3개의 아이디어를 5분 내에 기록하고 옆 사람에게 돌려 아이디어에 대한 생각을 다시 적어 준다(6-3-5기법). 모든 참여자가 기록함으로써 30분 내에 108개의 새로운 아이디어를 얻는 것을 목표로 한다.

(1) 주제 제시

진행자(facilitator)가 사전에 토론 주제를 준비하여 참여자에 어떤 목적으로 브레인라이팅이 진행되는지를 알리면 결과를 만들어 내기가 쉽다.

(2) 의견 작성

(3) 기록지의 수집과 분류

(4) 그룹별 상위 개념 명명

2) 브레인라이팅 주의점

브레인스토밍보다 구성원들의 자발성이 떨어질 수 있고, 글을 쓰는 것 자체를 두려워하는 사람이 많은 경우에는 효율적이지 못하거나 비슷한 의견으로 구성될 수 있으므로 참여자들은 최대한 다른 의견을 내도록 노력해야 한다.

Brain Writing Sheet			
참여자	아이디어		
1			
2			
3			
4			
5			
6			

3. 마인드맵(Mind map)

마인드맵은 말 그대로 '생각의 지도'를 말한다. 생각을 지도처럼 이미지화하는 사고 기법으로 1971년 영국의 토니 부잔(Tony Busan)이 레오나르도 다빈치의 메모에서 영감을 받아 개발한 두뇌 개발 방법이다. 오른쪽 뇌와 왼쪽 뇌를 균형 있게 사용하여 주제를 중심으로 떠오르는 생각을 적어 나가기 때문에 주제에서 벗어날 염려가 없다.

1) 마인드맵 방법

종이에 펜으로 쓰고 그리는 것이 기본이자 전부이다. 종이의 중앙에 핵심 단어와 이미지를 쓰고 방사형으로 뻗어 나가면서 주요 단어나 기호를 써넣거나 간단한 그림을 그려 넣는 것으로 방사형의 구조를 사용하는 것은 "방사형의 구조가 대자연의 구성 원리와 같고 뇌의 뉴런과 닮아 있다."라고 말한 토니 부잔의 방법이다.

① 중심에서 시작한다.

② 이미지나 사진을 사용하고 단어도 함께 쓴다.

③ 3가지 이상의 색깔을 사용하여 부분별로 같은 색상을 사용한다.

④ 중심에서 가장 굵은 선 → 굵은 선 → 중간 선 → 가는 선의 순서로 이미지나 단어를 방사형으로 연결한다.

⑤ 선의 모양은 직선보다는 곡선으로 쉽게 흘러갈 수 있도록 한다.

2) 마인드맵 유의점

① 마인드맵의 중심에는 이미지를 사용하여 주제를 강조한다.

② 선은 화살표를 사용하여 연결의 관계를 보여 준다.

③ 하나의 선에는 하나의 단어만을 사용하여 생각을 명확하게 한다.

④ 생각은 단어보다 이미지를 사용하여 상상력과 창의력을 높여 준다.

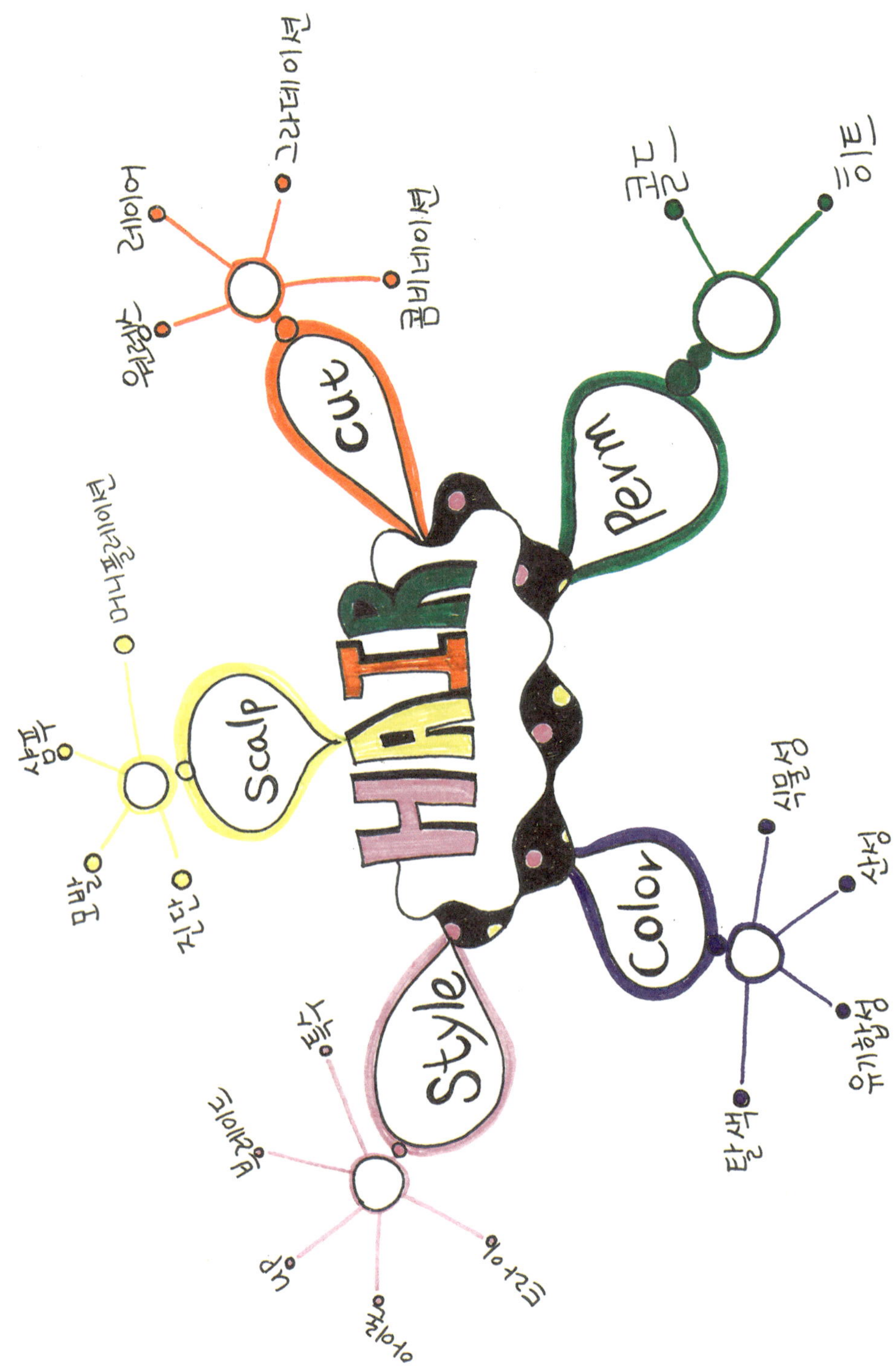

| 헤어를 주제로 한 마인드맵 | (그림: 김현주)

Beauty Trend Maind Map	
주제:	날짜:

4. 스캠퍼 기법(Scamper)

아이디어를 고무시키기 위해 브레인스토밍 기법을 창안했던 오스본(Osborn 1938)이 체크리스트를 정리하였으며, 오스본의 체크리스트를 재조직하여 밥 에벌(Bob Eberle 1971)은 SCAMPER를 제안하였다. 이것은 아이디어를 얻기 위한 의도적 시험으로 창의력 증진 기법으로 할 수 있는 7가지 규칙을 의미하며 '대신하는 사람, 대리자, 대용물, 대체물'의 Substitute, '두 가지 이상 결합하다, 특징을 갖추다'의 Combine, '맞추다, 적응하다'의 Adapt, '변경, 축소, 확대해 보라'의 Modify, '다른 용도'의 Put to other uses, '제거하다'의 Eliminate, '재배열하다'의 Rearrange 등을 뜻한다. 참여자 각자의 아이디어가 있어도 질문에 따라 의견을 받을 수 있으며 주어진 이미지에 대해서도 변형함으로써 새로운 디자인으로의 변화가 이루어지기 쉽고 창의적인 요소를 발견하는 데 도움이 될 수 있다. 반면 자신이 직접 디자인을 하는 것이 아니므로 상상력의 한계를 가져올 수 있다.

Scamper Check list

항목	아이디어
대체하기 Substitute	대체할 수 있는 것을 무엇일까?
결합하기 Comvine	어떤 것과 결합하면 좋을까?
응용하기 Adapt	어느 곳에 응용하면 좋을 까?
수정하기 Modify	수정하면 좋은 것은 어디일까?
용도 바꾸기 Put to Other Uses	다른 곳에서 활용할 수 있는 방법은 무엇일까?
제거하기 Eliminate	불필요한 부분을 제거할 수 있는가?
재배치 Rearrange	요소들의 순서를 바꿀 수 있는가?

Scamper Check list

주제:

항목	아이디어
대체하기 Substitute	
결합하기 Comvine	
응용하기 Adapt	
수정하기 Modify	
용도 바꾸기 Put to Other Uses	
제거하기 Eliminate	
재배치 Rearrange	

5. 스왓 분석(SWOT analysis)

전략을 세울 때 환경을 분석하여 강점(strength)과 약점(weakness), 기회(opportunity)와 위협(threat) 요인을 알아보고 이것을 참고로 사용한다.

스왓 분석은 강점 · 약점 · 기회 · 위협(SWOT)의 4요소를 사용하여 분석하는 기법으로 강점으로 인식되는 것을 알아내어 강조해 주고, 약점으로 나타나는 것을 보완해 강점우로 인식되는 것을 알아내어 강조해 주고, 약점으로 나타나는 것을 보완해 주며, 기회의 요인이 무엇인지와 위협으로 나타난 것은 무엇인지를 찾아낼 수 있고, 이러한 것들을 종합하여 가장 적합한 것을 찾아내는 기법이다.

스왓 분석은 다시 4개의 전략으로 분류된다.

① SO 전략(강점-기회 전략): 강점을 사용하여 기회를 최대화하는 전략이다.
② ST 전략(강점-위협 전략): 강점을 사용하여 위협 요인을 피할 수 있는 전략이다.
③ WO 전략(약점-기회 전략): 약점을 보완하여 기회를 활용하는 전략이다.
④ WT 전략(약점-위협 전략): 약점을 최소화하여 위협으로부터 보호하는 전략이다.

S (strength) 강점	W (weakness) 약점
O (opportunity) 기회	T (threat) 위협

| 스왓 분석표 |

위의 전략들을 헤어디자인을 분석하는 데도 사용하여 디자인을 개발하는 용도를 사용해 보도록 한다. 하나의 헤어디자인을 놓고 강점이 무엇이고 약점은 무엇인지를 알고, 트렌드의 위치에서 볼 때 기회로 디자인할 수 있을지 아니면 위협으로 다가올지를 여러 방면에서 생각해 보고 기록해 봄으로써 보완해야 할 것이 무엇인지, 제거해야 할 것이 무엇

인지를 파악한다. 그런 후 고객에게 디자인할 수 있는 기회인지 아니면 위협으로 올 것인지를 분석하여 디자인 전략으로 사용할 수 있을 것으로 본다.

예) 롱 스트레이트 헤어스타일에 대해 분석하시오.

S	W
• 머릿결이 좋아 보인다. • 젊어 보인다. • 관리가 편하다.	• 차갑게 느껴진다. • 피곤해 보인다. • 없어 보인다.
O	**T**
• 계절이 변함에 따라 헤어를 새롭게 하고 싶어 한다.	• 경제적 어려움으로 미용실 방문을 주저하게 된다.

SO 전략 (강점-기회 전략)	•
ST 전략 (강점-위협 전략)	•
WO 전략 (약점-기회 전략)	•
WT 전략 (약점-위협 전략)	•

SWOT Analysis Sheet

주제:	이미지

S	W
•	•

O	T
•	•

SO 전략 (강점-기회 전략)	•
ST 전략 (강점-위협 전략)	•
WO 전략 (약점-기회 전략)	•
WT 전략 (약점-위협 전략)	•

PART

02

헤어디자인 분석

ANALYSIS AND DEVELOPMENT OF BEAUTY TRENDS

PART

01 형태

ANALYSIS AND DEVELOPMENT OF BEAUTY TRENDS ANALYSIS AND DEVELOPMENT OF BEAUTY TRENDS ANALYSIS AND

형태, 질감, 색채의 3가지 요소를 적절하게 조합하여 헤어디자인을 만들고 헤어커트, 헤어퍼머, 드라이 스타일링, 아이론 스타일링, 헤어 염색 등으로 헤어스타일을 연출한다. 연출된 헤어스타일은 사회적인 현상과 문화를 접목하여 헤어 염색에 대한 유행 색과 선호 색이 나타나게 된다. 이러한 현상은 고객에게 시술받고자 하는 욕구를 만들고, 많은 사람이 시술하게 되거니 좋아하는 연예인, 지인 등이 시술받은 모습을 보게 되면 따라하게 되는 등의 선순환으로 헤어 트렌드가 생겨나게 된다.

이에 따라 헤어디자인에도 헤어스타일링, 유행 색, 메이크업, 패션 등을 모두 갖춘 토털 룩으로 헤어 트렌드를 연출하게 되고 이를 디자인 기법인 형태, 질감, 색상으로 분석하여 새로운 헤어 트렌드를 개발하게 된다.

1. 헤어커트 유형별 분석

헤어커트 형태를 점, 선, 면 등을 이용하여 모선이나 모발의 무게감이 표혀뒤 라인(선)과 외곽선을 입체적으로 분석하여 원랭스, 레이어, 그래쥬에이션, 혼합형 등의 형태가 어떻게 이루어졌는가를 구조 분석한다.

1) 원랭스 헤어커트

원랭스 헤어커트는 두상의 곡면으로부터 자연스럽게 중력의 영향을 받은 상태로 빗질하여 각도를 0°로 하여 수평 파팅으로 모발의 단차가 없이 커트되었을 때는 수평 원랭스 헤어커트, 알파벳의 U나 V자 형태(후대각)로 파팅하여 모발의 단차가 없이 커트되었을 때는 이사도라 원랭스 헤어커트, 알파벳의 A자 형태(전대각)로 파팅하여 모발의 단차가 없이 커트되었을 때는 스파니엘 원랭스 헤어커트이다. 원랭스 형태의 디자인을 유형, 블로킹(섹셔닝), 파팅(셔브 섹션), 가이드라인, 시술 각도, 무게감의 위치, 질감의 유무를 분석하여 예제에 따라 정리해본다.

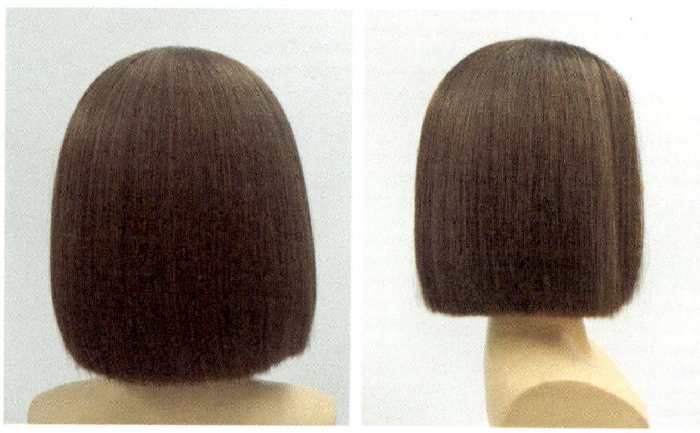

〈예제〉

- 유형: 수평 원랭스
- 블로킹(섹셔닝) : 4등분
- 파팅(셔브 섹션) : 수평
- 가이드라인 : 목선
- 시술 각도 : 0° 각도
- 무게감 : 네이프
- 질감 처리: 무

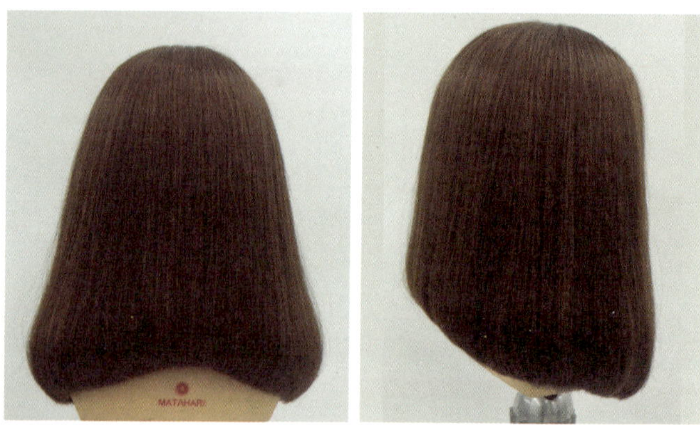

- 유형:
- 블로킹(섹셔닝) :
- 파팅(셔브 섹션) :
- 가이드라인 :
- 시술 각도 :
- 무게감 :
- 질감 처리:

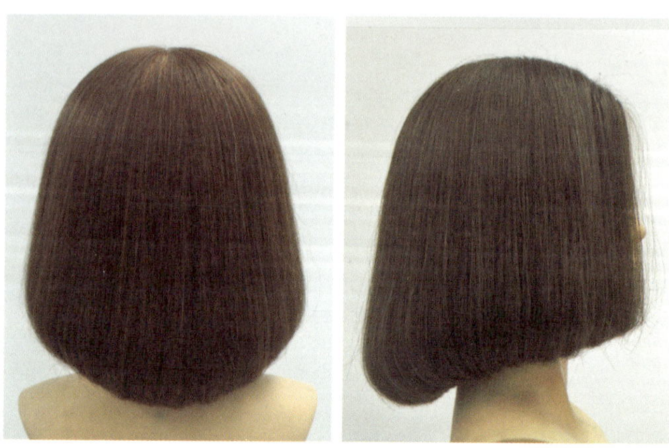

- 유형:
- 블로킹(섹셔닝) :
- 파팅(셔브 섹션) :
- 가이드라인 :
- 시술 각도 :
- 무게감 :
- 질감 처리:

2) 그래쥬에이션 헤어커트

그래쥬에이션 헤어커트는 두상의 곡면을 따른 시술 각도 1~30°로 두상의 아랫부분(네이프)에 무게감을 형성하며 헤어커트하는 로우 그래쥬에이션, 두상의 곡면을 따른 시술 각도 31~60°로 그래쥬에이션은 두상의 중간 아랫부분(백 미듐 네이프)에 무게감을 형성하는 짧은 모발과 모선에서 4~5cm 정도에 무게감이 형성되는 긴 모발의 미듐 그래쥬에이션, 두상의 곡면을 따른 시술 각도 61~89°로 그래쥬에이션은 두상의 백 부분에 무게감을 형성하는 짧은 모발과 모선에서 7~8cm 정도에 무게감을 형성되는 긴 모발의 하이 그래쥬에이션 헤어커트이다. 그래쥬에이션 형태의 디자인을 유형, 블로킹(섹셔닝), 파팅(셔브 섹션), 가이드 라인, 시술 각도, 무게감의 위치, 질감의 유무를 분석하여 정리해 본다.

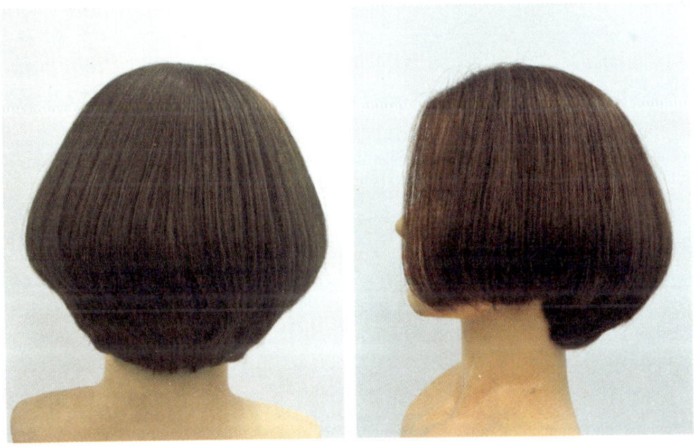

- 유형:
- 블로킹(섹셔닝) :
- 파팅(셔브 섹션) :
- 가이드라인 :
- 시술 각도 :
- 무게감 :
- 질감 처리:

3) 레이어 헤어커트

레이어 헤어커트는 두상의 곡면에 따른 시술 각도 90°이상으로 모발의 무게감을 최소화하여 움직임이 많고 가벼운 세임 레이어(유니폼) 헤어커트와 크라운 부분과 사이드에 움직임이 많고 가벼운 인크리스 레이어 헤어커트이다. 레이어 형태의 디자인을 유형, 블로킹(섹셔닝), 파팅(셔브 섹션), 가이드라인, 시술 각도, 무게감의 위치, 질감의 유무를 분석하여 정리해 본다.

- 유형:
- 블로킹(섹셔닝) :
- 파팅(셔브 섹션) :
- 가이드라인 :
- 시술 각도 :
- 무게감 :
- 질감 처리:

4) 쇼트 헤어커트

쇼트 헤어커트는 커트 도구와 커트 기법을 다양하게 활용하여 두상의 곡면을 따라 각도를 1°~ 90° 이상으로 커트하는 경우에 따라 다양한 헤어커트 스타일을 창조할 수 있다. 또한, 가위 커트, 틴닝가위, 클리퍼 등 커트 도구의 사용 방법과 기법에 따라 시술하는 순서와 시술 각도의 조합으로 트렌드를 반영하여 헤어스타일을 디자인할 수 있다. 페더(Feather), 샤기(Shaggy), 크롭(Crop), 씨 스루(see-through), 포워드(Forward), 올백(All-Back), 댄디(Dandy), 투블럭(Two-block), 모히칸(Mohican) 등으로 남성 헤어스타일을 연출할 수 있다. 쇼트커트 형태의 디자인을 유형, 블로킹(섹셔닝), 파팅(셔브 섹션), 가이드 라인, 시술 각도, 무게감의 위치, 질감의 유무를 분석하여 정리해 본다.

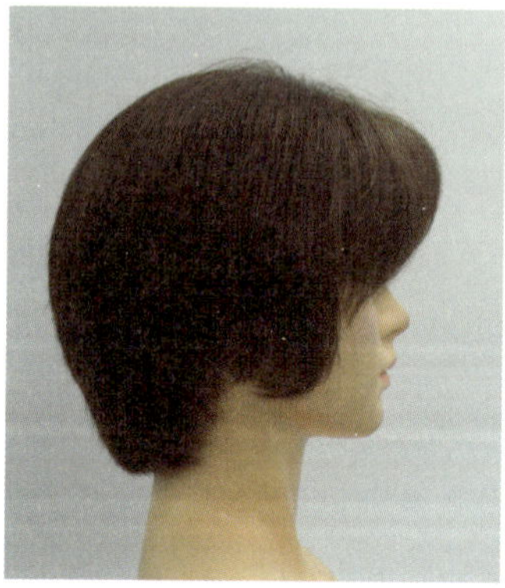 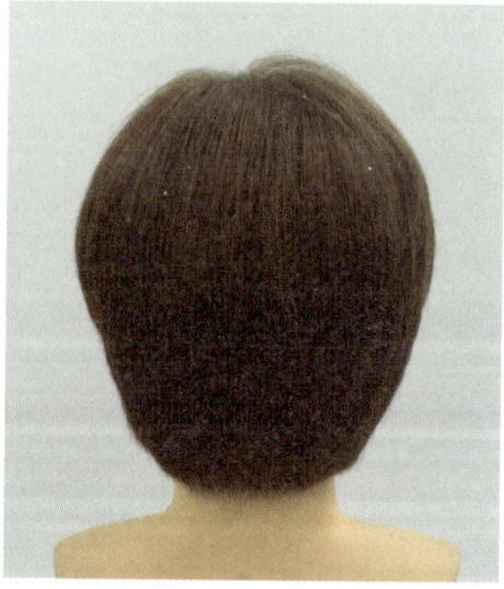

- 유형:
- 블로킹(섹셔닝) :
- 파팅(셔브 섹션) :
- 가이드라인 :
- 시술 각도 :
- 무게감 :
- 질감 처리:

5) 혼합형 헤어커트

혼합형 헤어커트는 원랭스와 레이어 헤어커트, 그래쥬에이션과 레이어 헤어커트 기법을 결합하여 디자인하는 헤어스타일이다. 혼합형 형태의 디자인을 유형, 블로킹(섹셔닝), 파팅(서브 섹션), 가이드라인, 시술 각도, 무게감의 위치, 질감의 유무를 분석하여 정리해 본다.

- 유형:
- 블로킹(섹셔닝) :
- 파팅(셔브 섹션) :
- 가이드라인 :
- 시술 각도 :
- 무게감 :
- 질감 처리:

6) 창작형 헤어커트

창작형 헤어커트는 커넥션, 디스커넥션 등의 커트 기법으로 자르는 헤어커트 스타일이다. 창작 혼합형 형태의 디자인을 유형, 블로킹(섹셔닝), 파팅(셔브 섹션), 가이드라인, 시술 각도, 무게감의 위치, 질감의 유무를 분석하여 정리해 본다.

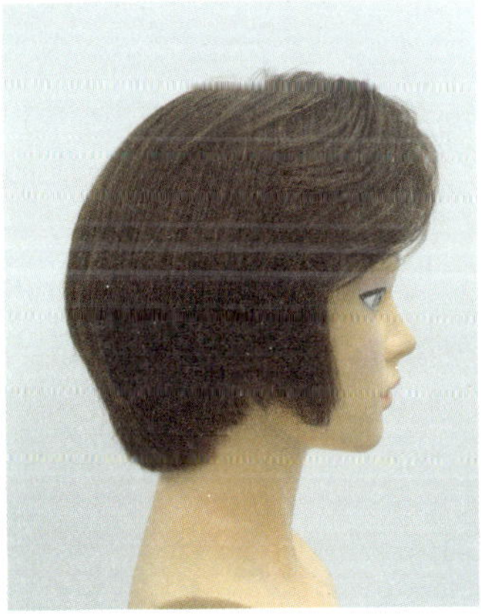

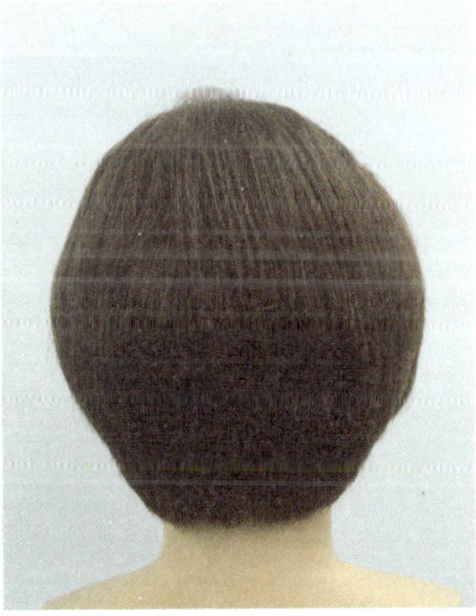

- 유형:
- 블로킹(섹셔닝) :
- 파팅(셔브 섹션) :
- 가이드라인 :
- 시술 각도 :
- 무게감 :
- 질감 처리:

2. 커트 도구 종류

헤어디자인의 형태를 만들기 위해서는 기본적인 사용 도구의 종류를 알아보고 무게감과 질감을 위해 사용 가능한 틴닝가위, 레이저, 클리퍼, 블런트(일반 미용) 가위의 도구를 파악한다.

1) 블런트 가위(일반 미용가위)

블런트 가위는 원랭스 커트를 비롯한 모든 커트 형태에 사용한다. 일반 가위를 블런트하게 질감을 내는 사용 방법이다.

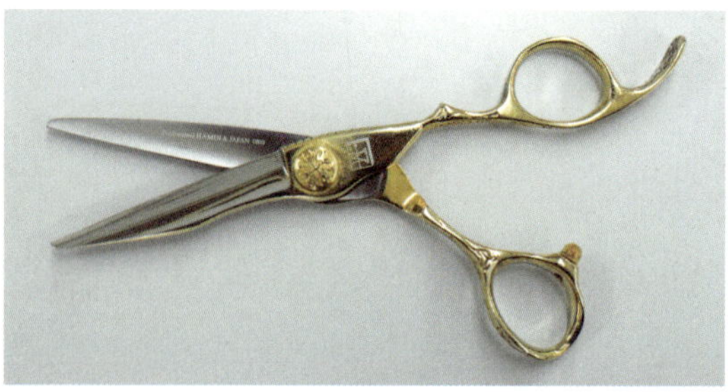
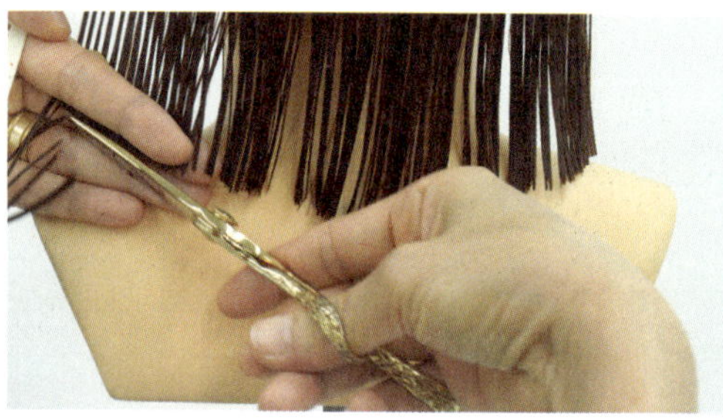

2) 틴닝가위

틴닝가위는 커트 형태에 모량을 감소시켜 모선을 가볍게 처리하여 입체감을 주기 위해서 사용한다. 틴닝가위를 사용하여 앤드 테이퍼링하는 사용 방법이다.

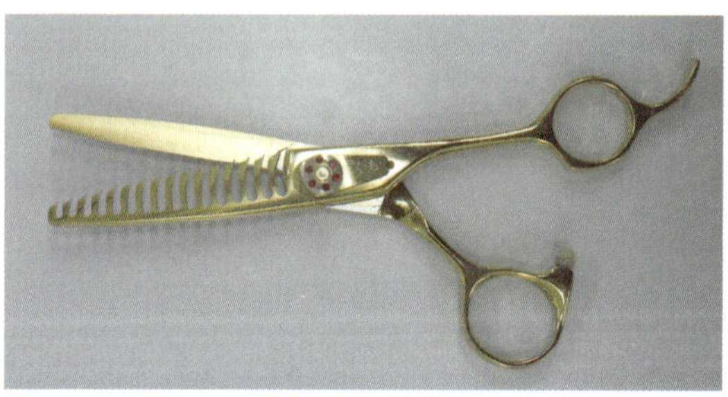

3) 레이저

레이저는 커트 형태를 부드럽고 가늘게 표현하는 질감에 사용한다. 레이저로 질감을 내기 위한 사용 방법이다.

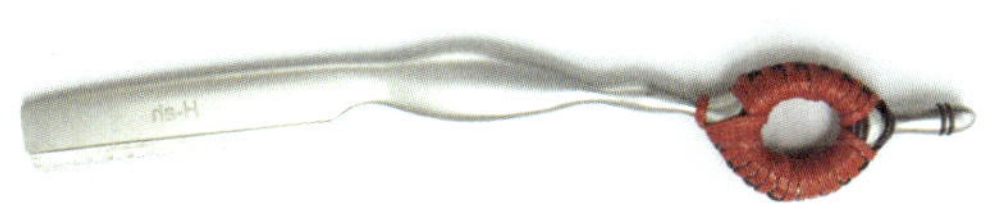

4) 클리퍼

클리퍼는 짧은 커트 형태에 주로 사용하며 두피의 표면을 엷게 보이거나 두껍게 보이게 할 때 사용한다. 클리퍼로 질감을 내기 위한 사용 방법이다.

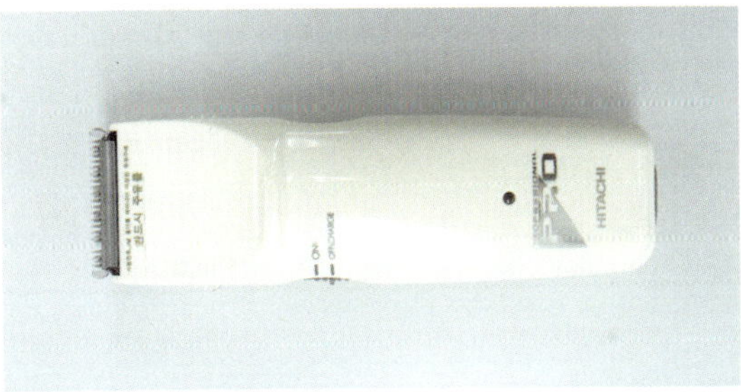

3. 두상 포인트와 도해도

1) 두상의 포인트

두상을 나눌 때는 두상의 포인트를 기준으로 블로킹(섹셔닝)을 하면 헤어디자인을 할 때 정확하게 구분되고 분석하기 쉬워진다.

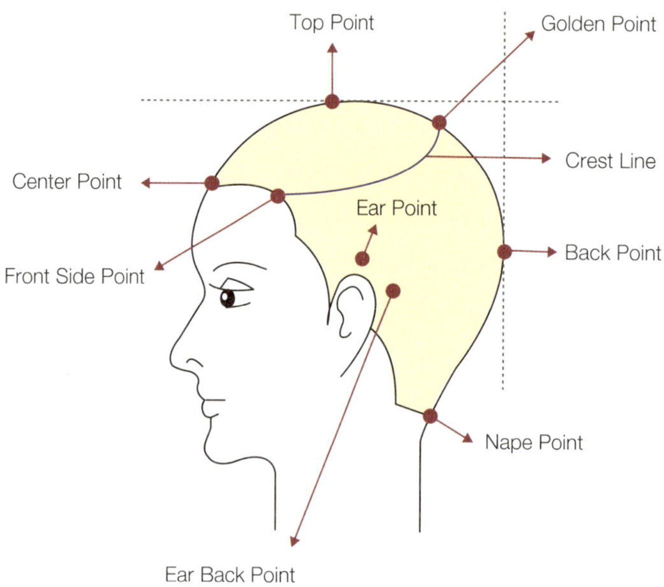

2) 도해도

헤어커트에서 도해도는 헤어디자인의 분석과 개발을 위해 도식화하여 시술의 방법을 사전에 점검해 보고 창작된 아이디어를 실제에 앞서 두상의 곡면에 대입하여 외곽선의 실루엣을 상상하며 작업하는 파팅선과 시술 각도를 어떻게 할 것인지를 생략하고, 가이드를 어디에서 정할 것인지 등의 시술 방법 등에 대한 설명서인 것이다.

도해도를 보면 어떤 헤어커트 형태인지 분석할 수 있다. 헤어커트의 형태를 보고 도해도를 그릴 수 있도록 반복 연습을 하여야 한다.

두상의 곡면에 따라 섹션의 위치와 스트랜드의 90° 각도를 정확히 알 수 있어야 헤어커트의 형태를 분석할 수 있다. 각 섹션의 위치에 따른 특징을 이해하여 도해도 그리기 작업을 통하여 헤어커트의 분석력을 키운다.

두상의 곡면에 따른 90° 각도의 스트랜드의 사진을 보고 도해도를 그려 본다.

톱(top)의 섹션은 모발의 숱이 없거나 할 때 볼륨을 줄 수 있으며 길이와 웨이브의 형태에 따라 많은 헤어디자인을 창의하고 분석할 수 있는 중요한 크라운 부분이다.

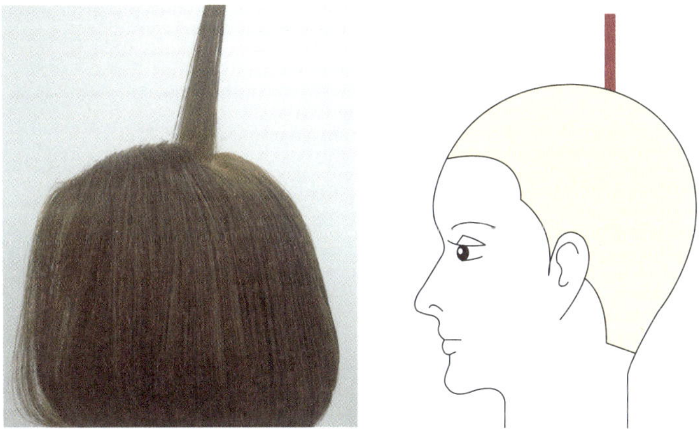

골덴(Golden)의 섹션은 움직임이 제일 많은 부분으로 시술 각도와 웨이브의 형태에 따라 볼륨감과 율동감을 부여할 수 있는 톱 미듐 백(Top medium Back) 부분이다.

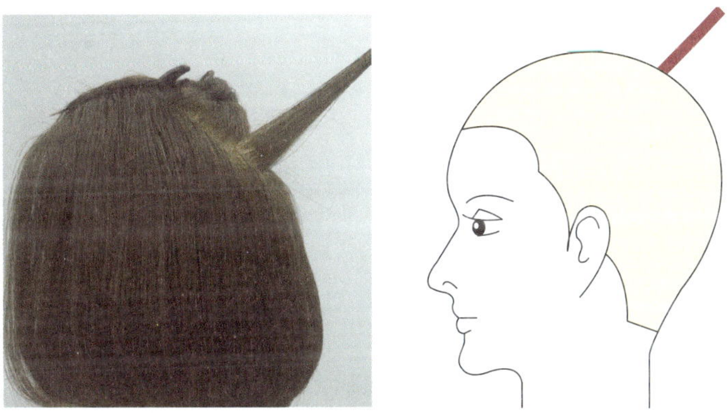

백(Back)의 섹션은 무게감이 있는 부문으로 시술 각도와 웨이브의 형태에 따라 자연스러움과 스타일을 부여할 수 있는 후두부이다.

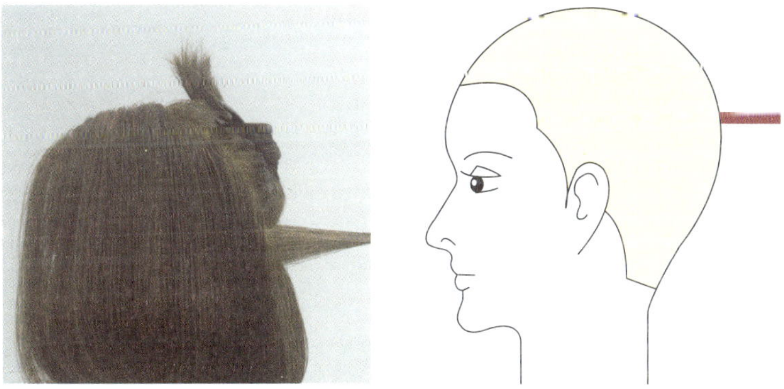

네이프(nape)의 섹션은 움직임이 적은 부분으로 시술 각도와 웨이브의 형태에 따라 차분함을 부여할 수 있는 후두부의 네이프 부분이다.

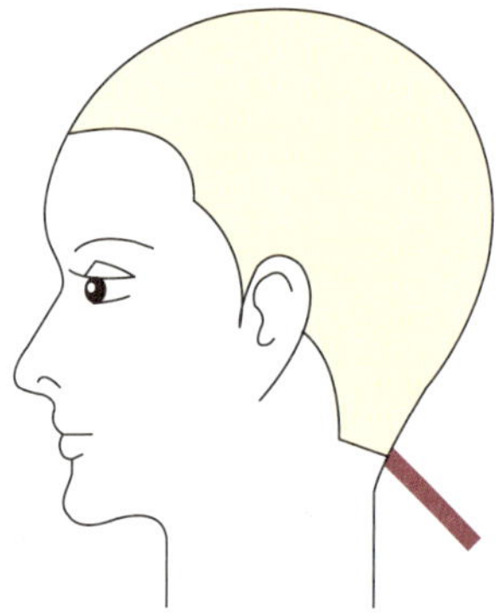

프런트 사이드(Front Side)의 섹션은 시술 각도와 웨이브의 형태에 따라 페이스 라인의 결점을 보완하는 부분이다.

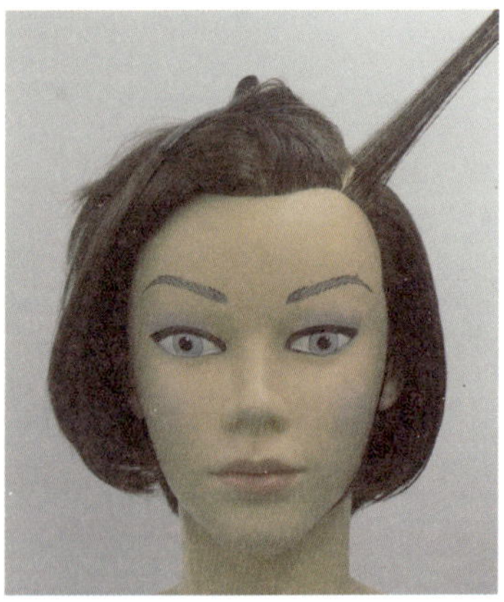
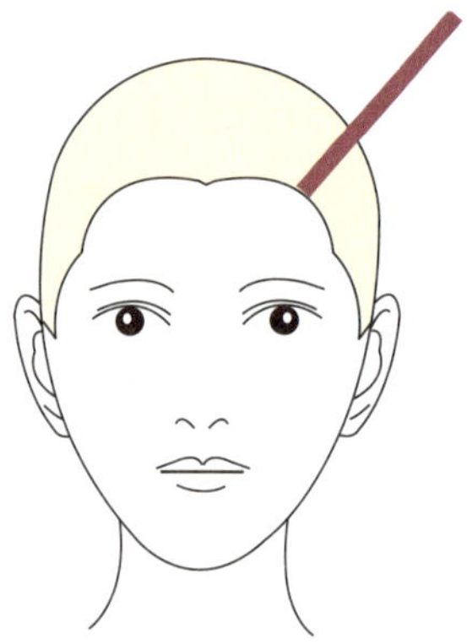

프런트(Front)의 섹션은 시술 각도와 웨이브의 형태에 따라 이마와 얼굴의 이목구비의 결점을 보완하는 부분이다.

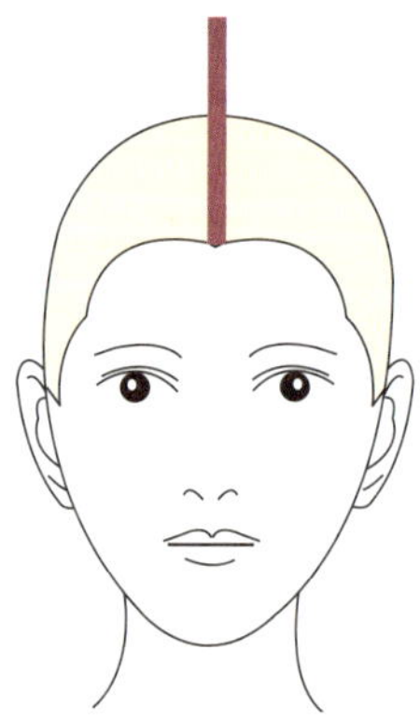

사이드 코너(Side Coner)의 섹션은 시술 각도와 웨이브의 형태에 따라 턱선의 결점을 보완하는 부분이다.

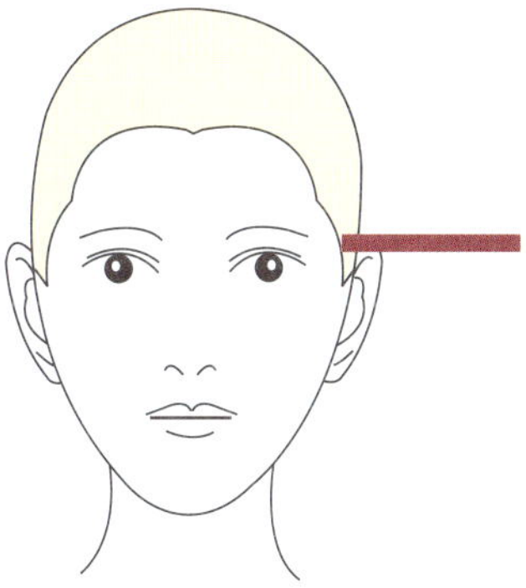

■ 헤어커트 유형의 종류, 헤어라인, 모발 길이, 단차, 무게감을 분석하고 도해도를 재구성하여 수집한 헤어디자인의 도해도를 그려 봅시다.

형태	디자인 분석	수집된 헤어디자인 사진	도해도 그려 보기
레이어			
원랭스			
그래쥬에이션			
혼합형 형태			
창의적 형태			

PART

02 질감

1. 헤어커트 기법

1) 질감을 표현하기 위한 헤어커트 기법

(1) 가위(scissors)의 종류에 따른 헤어커트 기법과 질감

질감을 표현하기 위한 헤어커트 기법에는 틴닝가위를 사용하는 틴닝(thinnig) 기법과 일반 가위를 사용하는 나칭(notching) 기법이다.

나칭 기법은 한 패널의 모선을 45°로 규칙적으로 정리되도록 커트하는 기법으로 모발의 길이와 동시에 모선에 부드러움을 표현할 때 사용한다.

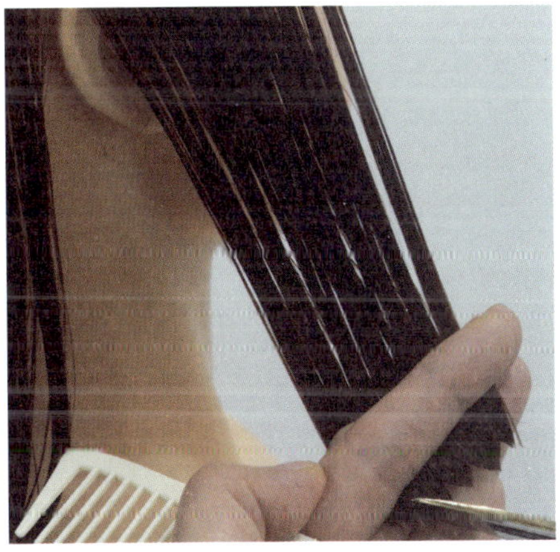

슬라이싱(slicing) 기법은 한 패널을 세로로 잡고 가윗날이 1/3 벌려진 상태로 미끄러지듯이 커트하는 기법으로 모선과 헤어라인을 가늘고 부드럽게 표현할 때 사용한다.

시저 오버 콤(scissor over comb) 기법은 빗과 가위만 이용하여 모발의 다발을 조절하며, 싱글링이라고도 한다. 일반적으로 헤어커트를 할 때 손가락을 이용하여 모발 다발을 조절하나 빗과 가위만을 사용하여 커트 형태에 따라 빗의 각도를 조절하여 연속적인 가위질로 커트하는 기법으로 헤어라인을 정갈하게 표현할 때 사용한다.

(2) 레이저(razor) 사용 방법에 따른 헤어커트 기법과 질감

레이저 헤어커트 기법에는 애칭(etching), 아킹(arcing) 등이 있고 레이저 사용 방법에는 펜슬 기법과 돌려 깎기 기법이 있다. 펜슬 기법은 레이저를 연필 쥐듯 잡고 모발의 다발을 붓끝처럼 부드럽고 가늘게 표현하여 모량을 감소시킬 때 사용한다. 돌려 깎기 기법은 모발의 길이를 자르거나 할 때 사용한다.

(3) 테이퍼링(tapering) 헤어커트 기법

틴닝가위와 클리퍼, 레이저를 사용하여 모발의 양을 감소시키거나 길이를 줄이고 입체감을 표현할 때 사용한다. 특히 헤어디자인의 아웃라인을 조절할 때 디자이너에 따라 즐겨 사용하는 도구에 따라서 질감을 다르게 표현할 수 있다. 헤어디자인의 질감을 분석할 때는 어떤 도구를 사용하여 테이퍼링 하였는지 눈여겨봐야 한다.

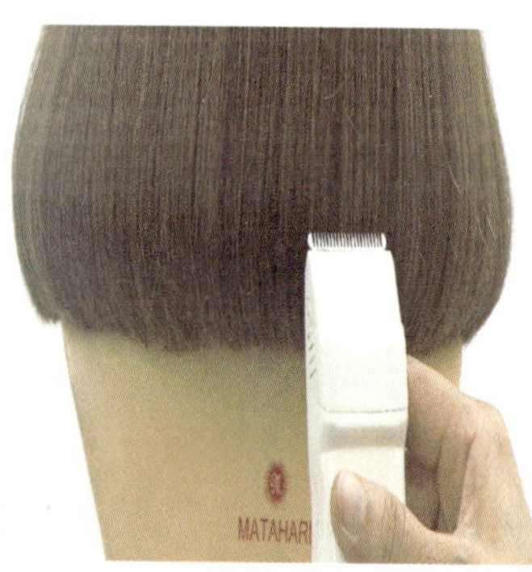

질감에 대한 분석을 잘하기 위해서는 직접 사용한 경험으로 틴닝가위나 미용가위로 표현된 질감을 눈으로 보아야 정확해진다. 틴닝가위를 이용하여 모발의 모근 가까이에서 모량을 감소시키는 딥 테이퍼링과 모발의 중간 부분인 모줄기에서 모량을 감소시키는 노말 테이퍼링, 모선에서 모량을 감소시키는 엔드 테이퍼링을 시술하여 보자. 또한, 미용가위를 사용하여 블런트 기법보다는 부드럽게 형태가 정리되는 나칭 기법과 나칭 기법보다는 좀 더 부드럽고 거칠게 표현되는 포인팅 기법, 가장 가늘게 표현되는 슬라이싱 기법을 직접 시술하여 질감에 대한 경험을 권장한다.

■ 여러분들이 직접 경험하여 시술한 질감을 다음 표에 사진으로 표현하여 완성해 보라.
틴닝가위와 미용가위를 사용하여 모발의 질감을 표현하기

가위 종류	딥 틴닝 질감 표현하기	노말 틴닝 질감 표현하기	엔드 틴닝 질감 표현하기
틴닝가위 모발 형태			
	나칭 질감 표현하기	포인팅 질감 표현하기	슬라이싱 질감 표현하기
일반가위 보선 형태			

2. 웨이브 기법

1) 스트레이트와 웨이브에 대한 질감 분석

헤어스타일 분석에서는 무게감과 볼륨감으로 확인할 수 있다. 볼륨을 주기 위해서는 웨이브 스타일을, 볼륨을 없애기 위해서는 스트레이트 스타일로 입체감을 표현할 수 있다.

또한, 스트레이트가 주는 느낌은 매끄럽다, 청순하다, 도도하다의 질감으로 표현될 수 있나. 웨이브가 주는 느낌은 부드럽다, 풍성하다, 자연스럽다 등의 질감으로 표현될 수 있다. 이는 분석하는 사람에 따라 시각차를 달리할 수 있다.

스트레이트와 웨이브를 헤어 퍼머, 드라이 스타일링, 아이론 스타일링, 롤 세팅의 방법으로 연출할 수 있으며, 고객이 원하는 시술 메뉴에 의해 결정된다. 헤어퍼머는 부드럽게 표현되고, 드라이 스타일링은 자연스럽게 연출되며, 아이론 스타일은 풍성하게 표현된다.

2) 헤어디자인에 사용된 스트레이트 또는 웨이브의 질감 분석

(1) 원랭스 수평 형태

동일한 원랭스의 헤어디자인이 스트레이트로 스타일링한 질감과 웨이브 질감에서 다른 점을 살펴보면 단차가 생긴 것과 웨이브의 크기에 따라 느낌이 다르다는 것을 알 수 있을 것이다.

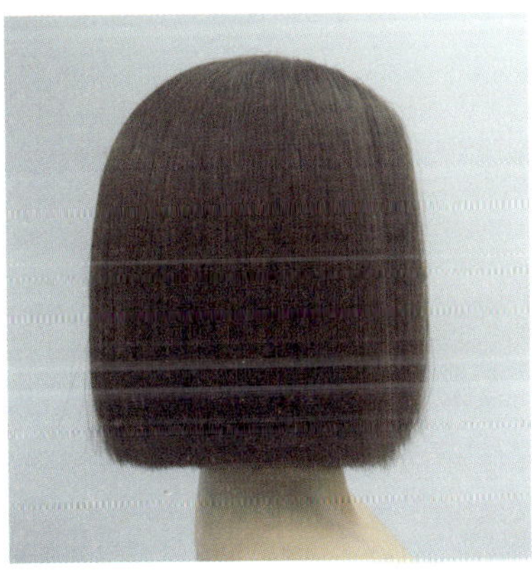

(2) 라운드 그래쥬에이션 형태

동일한 그래쥬에이션 형태의 헤어디자인에서 J컬의 스트레이트 질감은 무게감이 있고, 웨이브가 표현된 질감에서는 율동감과 모발의 단차가 더 생긴 것을 알 수 있을 것이다.

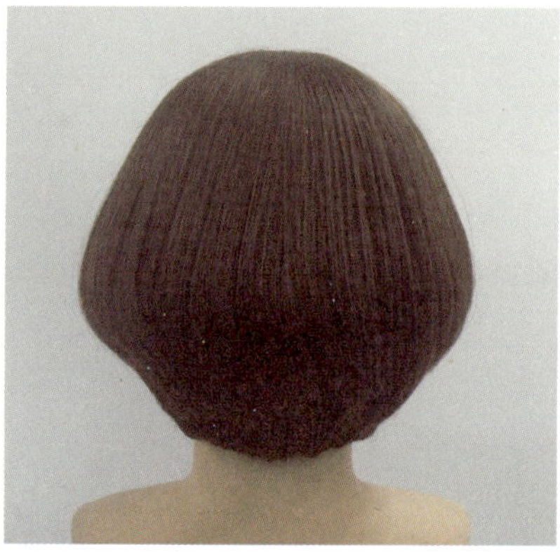

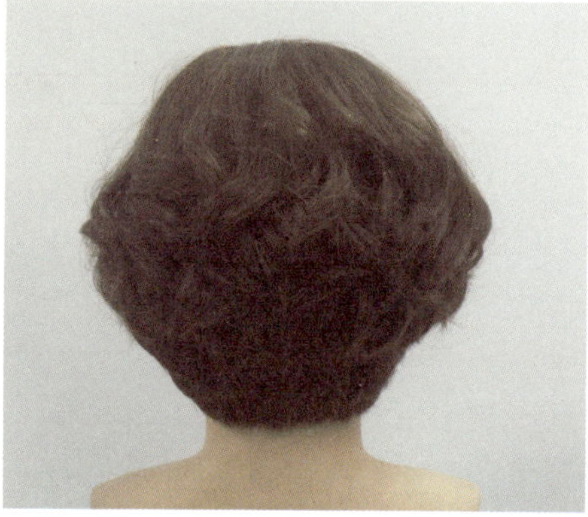

(3) 짧은 레이어 형태

동일한 짧은 레이어 형태에서 스트레이트 질감은 볼륨감이 없어 숱이 많은 사람에게 좋으며, 웨이브 질감에서는 활동적으로 표현할 때 좋다.

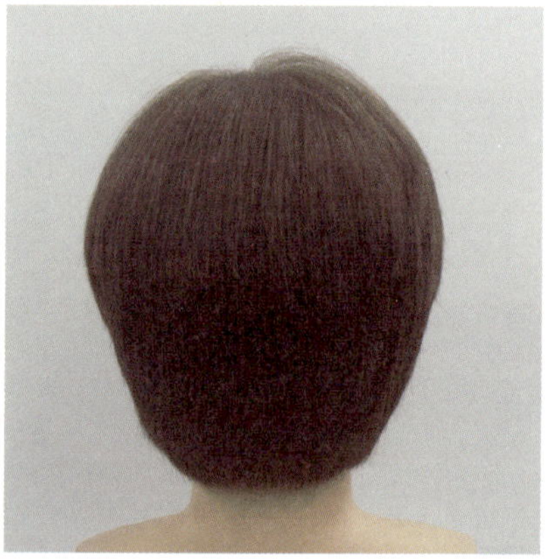

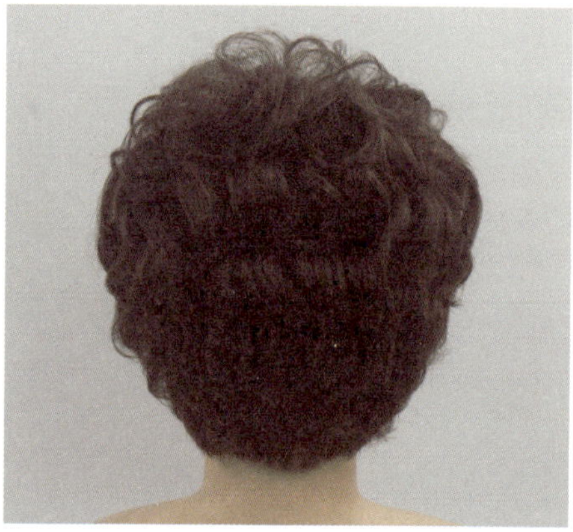

(4) 긴 레이어 형태

동일한 긴 레이어 형태에서 스트레이트 질감은 모던한 느낌이 풍기며, 웨이브 질감은 풍성함과 우아함이 표현된다.

(5) 혼합형 형태

동일한 혼랍형 형태에서 스트레이트 질감은 약간의 볼륨감과 무게감이 동시에 표현되고, 웨이브 질감은 세련됨과 활동적인 율동감이 표현된다.

PART

03

색채

1. 모발 염색 기법

색의 3원색인 빨강, 파랑, 노랑이며, 헤어디자인에서 모발의 색은 중요한 요소로 염색을 하기 위해서는 모발의 염색과 색상에 관해서 알아야 한다. 모발의 염색은 검은 머리를 미적 아름다움을 추구하기 위해 하는 멋 내기 염색, 흰머리를 젊어 보이고 싶은 욕망과 깔끔하게 보이게 하기 위한 새치 염색, 모발의 부분을 염색하는 하이라이트, 옴브레, 뿌리 염색 등의 시술 방법이 있다.

모발의 염색을 헤어디자인으로 분석하기 위해서는 염색에 사용되는 용어의 의미를 살펴보면, 백발을 검게 물들이거나 검은 모발을 다양한 색상으로 변화시키는 염색, 모발 색을 밝게 하는 목적으로 멜라닌 색소를 분해시키는 탈색, 염색된 모발의 색상만을 제거하는 목적의 탈염, 모발의 표면에 막을 입혀 색을 표현하는 메니큐어(코팅)와 그 외 왁싱, 하이라이트, 반사 빛 염색 등이 있다. 이를 염색의 지속 기간에 따라 구분되기도 한다. 일시적인 염색은 컬러 스프레이, 헤어 마스카라, 컬러 샴푸, 컬러 린스 등으로 1~2일 지속되며 모발 샴푸 후 제거되는 것을 말한다. 반영구적 또는 준영구적 염색은 약 4~6주 지속되는 것으로 메니큐어(코팅), 왁싱 등이 있다. 영구적인 염색은 의미 그대로 변색은 일어나지만 영구적을 지속되므로 모발이 자라거나 하면 모근 쪽의 신생 모발과 기존의 염색 모발의 색상을 맞추어 주어야 하는 염색, 탈색, 하이라이트 등이 있다.

모발의 색상을 기존의 색상에서 2~3단계 이상의 색상을 변화시키거나 확실한 원색에 가까운 색상을 표현하려면 탈색의 과정을 병행하여 진행하여야 다양한 색상을 표현할 수 있다.

염색을 시술하는 방법은 신생 모발의 처음 멋 내기 염색, 멋 내기 재염색, 컬러 체인지 염색, 흰머리 처음 염색, 흰머리 재염색에 따라 원 터치나, 투 터치, 쓰리 터치 방법으로 시술 할 수 있고, 도포량과 작용 시간, 사람에 따른 두피의 온도 차에 따라 색상이 달라질 수 있다.

컬러 체인지는 유사 색을 써서 희망 색을 만드는 방법과 보색을 써서 희망 색을 만드는 방법, 톤업을 하여 희망 색을 만드는 방법이 있다. 또한, 염색 기법에 따라 위빙 슬라이스로 모발 다발을 바느질하듯이 한 땀은 뜨고 한 뜸은 빼는 방법으로 모발의 패널을 잡아 워크호일을 사용하여 작업하는 방법이 있고, 슬라이싱 방법으로 수직, 평행, 사선 슬라이스로 두께, 각도, 색상을 넣는 위치에 따라 다양한 염색 헤어디자인을 표현하는 방법이 있다. 콤 온(comb on) 시술 방법으로 얼레빗 같은 빗살 사이에 염색약을 묻혀서 빗질하듯이 발라 주면 위빙 슬라이스와 슬라이싱과 비슷한 효과이면서 빠르게 염색 헤어디자인을 표현할 수 있는 방법이다. 프리 핸드 콤(free hand comb) 테크닉으로 모선 부분에 집중적으로 도포하는 테크닉으로 라인 컬러 같은 옴브레 컬러의 느낌을 표현할 때 사용하기도 한다.

2. 컬러 차트 분석

모발 염색 전에 고객과 의견을 충분히 교환하여 희망 색을 선정하여 염색 과정을 진행하는데 우선으로 본인의 모발 색상과 각 제조사의 염모제 색상을 잘 알고 분석이 되어 있어야 원하는 색상으로 염색이 표현될 수 있다.

일반적으로 한국인의 모발 색 밝기는 명도 3~5라고 이야기할 수 있는데, 명도 3은 완전히 까만 머리라고 통상 이야기하는 정도의 밝기이고, 명도 5는 염색했냐고 물어보는 노란 끼가 많은 모발이라고 할 수 있다. 통상 아주 밝게 염색한 수준이 명도를 8정도라고 할 수 있다. 탈색 1~2 수준의 밝기는 명도 9정도라고 할 수 있고, 바바나 속살 같은 색상이 명도 10이라 한다. 색은 색상과 명도, 채도로 표현되고 색의 삼원색은 빨강, 노랑, 파랑이며 이 중 2가지 색상을 섞어서 남는 색상을 보색 관계인 2차색 주황, 초록, 보라이다. 모발 염색에서 보색을 활용하면 억지스러운 강한 원색의 색상을 중화하여 갈색으로 표현할 수 있다.

염모제를 생산하는 제품회사마다 컬러 차트가 있어 염색 혼합 또는 제조 시 활용할 수 있으며 나라마다 각기 다르게 표현하기도 한다. 대게는 7.64라 하면 첫 번째 숫자 7은 염색의 명도를 표시하며 두 번째 숫자 6은 색상, 세 번째 숫자 4는 반사 빛 색상으로 채도와도 관계가 있다. 두 번째 숫자로 희망 색을 선정하는데 1은 잿빛(ash) 계열, 2는 초록색(matt) 계열, 3은 노란색 계열, 4는 주황색(orange) 계열, 5는 적색(red) 계열, 6은 적자색(와인) 계열, 7은 보라 계열이다.

염모제의 번호 체계를 설명하면 5/0는 자연 갈색이고 명도는 5의 밝기로 색상은 자연 그대로 표현되는 색상이라는 의미이다. 7/43는 명도는 7의 밝기이고 1차 색상은 주황색(orange) 계열이며, 2차 색상은 노란색 계열로 염색한 느낌이 확실하게 보이는 7 명도로 귤의 색 느낌 갈색으로 표현할 수 있다.

1) 코팅 패션 컬러 차트

| 아모스 컬러 차트 |

출처: 아모스프로페셔널 홈페이지 www.amosprofessional.com

| 웰라 컬러 차트 |

출처: 웰라 프로페셔널즈 www.wella.com

ㅣ 뉴앙셀 보태닉 컬러 차트 ㅣ

출처: 로레알프로페셔널파리 홈페이지 https://www.lorealprofessionnel.co.kr/

2) 모발의 갈색 차트

모발의 갈색 차트의 밝은 갈색은 명도 7 정도이고, 자연 갈색은 명도 5 정도이며, 진한 갈색은 명도 3 정도이며, 흑갈색은 명도 1 정도이다.

밝은 갈색

자연 갈색

진한 갈색

흑갈색

3) 염색의 컬러 차트

염색 모발 컬러 차트에서 명도 1에서 10까지의 색상을 기준으로 희망 색을 제조할 때와 염색의 색상을 분석할 때 활용할 수 있다.

명도 1

명도 2

명도 3

명도 4

명도 5

명도 6

명도 7

명도 8

명도 9

명도 10

■ 로레알 컬러 차트

출처: 로레알프로페셔널파리 홈페이지 https://www.lorealprofessionnel.co.kr/

Intense 확실한 고명도의 선명한 반사빛을 연출해주는 라인

Deep 30-40대 진행형 새치를 위한 새치커버 전문 라인

출처: 아모스프로페셔널 홈페이지 www.amosprofessional.com

웰라 컬러 차트 THE KOLESTON PERFECT COLOUR CHART

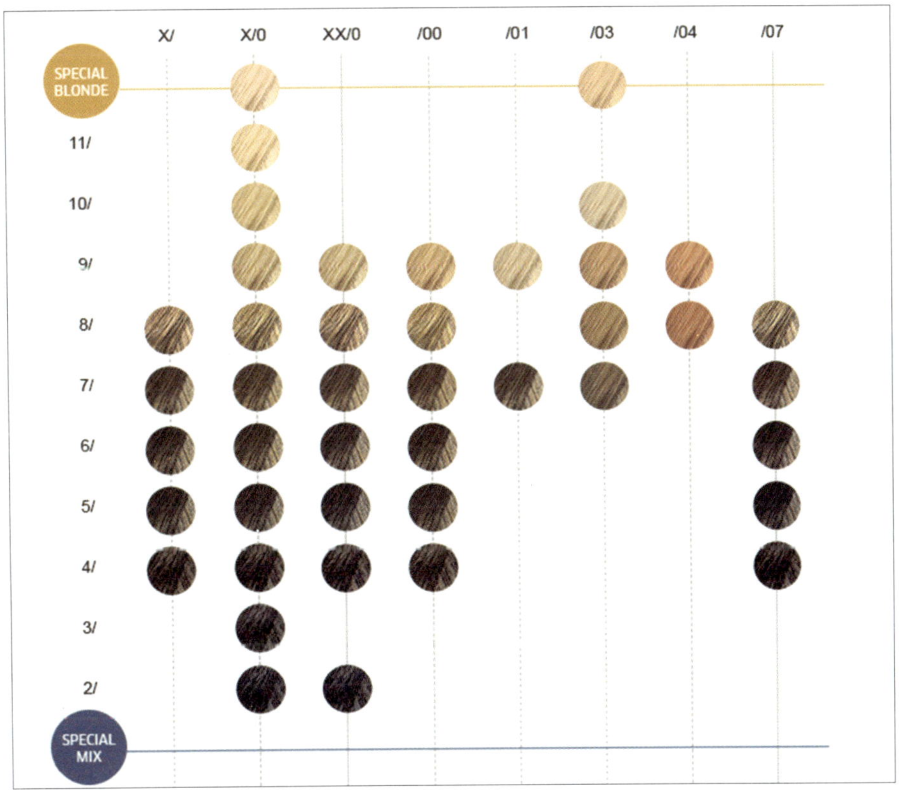

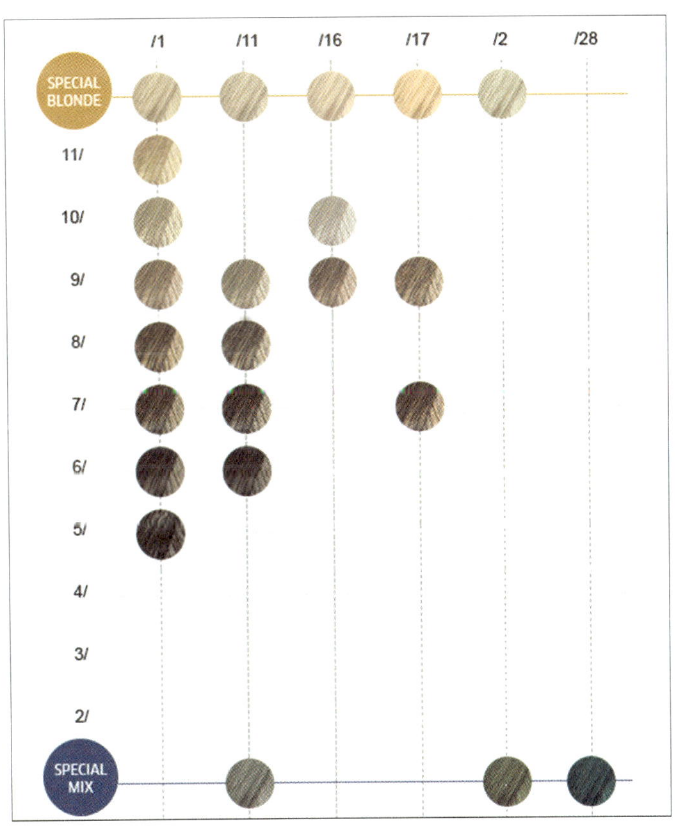

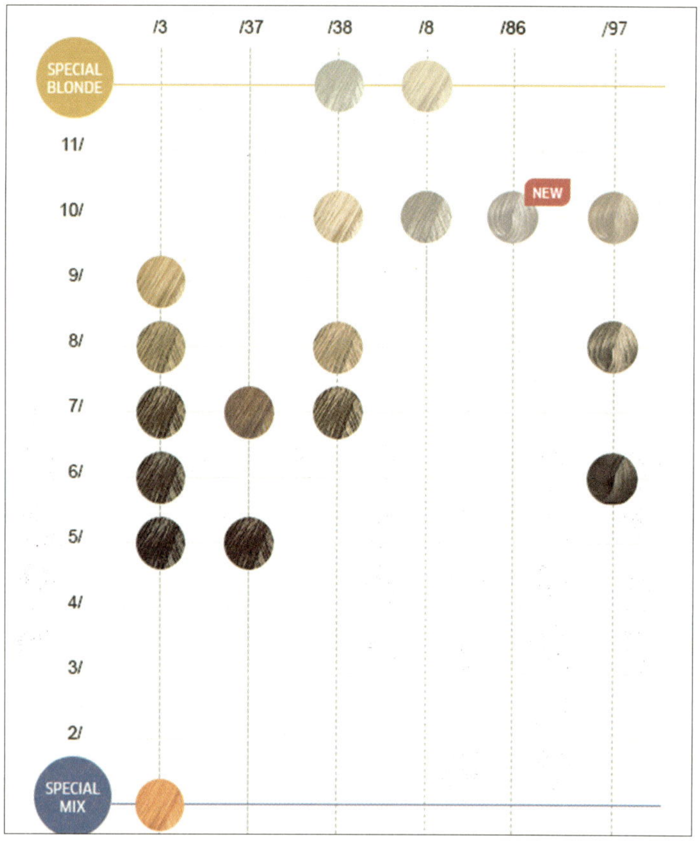

/3
/37
/38
/8
/86
/97
SPECIAL BLONDE
11/
10/
NEW
9/
8/
7/
6/
5/
4/
3/
2/
SPECIAL MIX

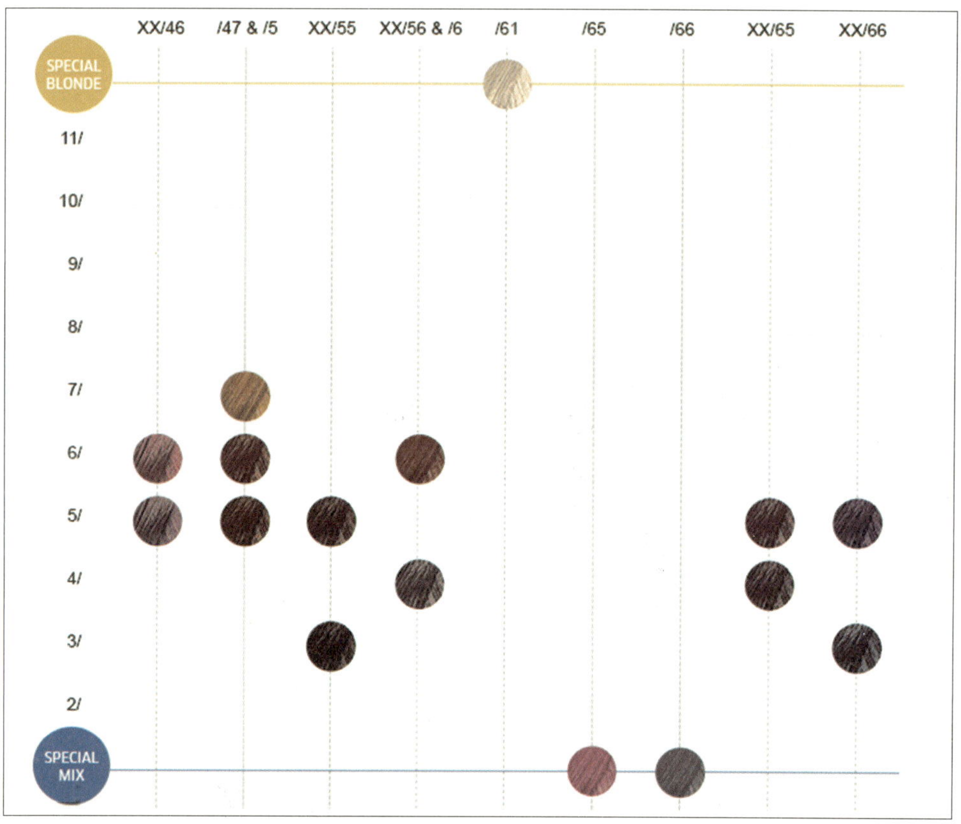

XX/46
/47 & /5
XX/55
XX/56 & /6
/61
/65
/66
XX/65
XX/66
SPECIAL BLONDE
11/
10/
9/
8/
7/
6/
5/
4/
3/
2/
SPECIAL MIX

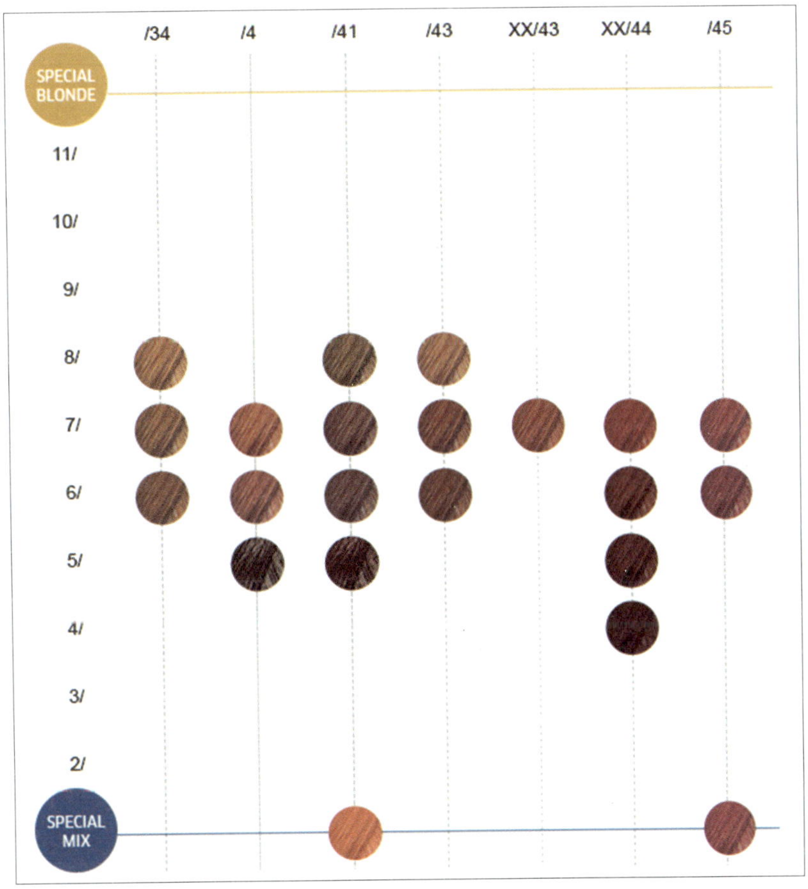

출처: 웰라 프로페셔널즈 www.wella.com

■ 염색약의 기본 색상들을 알아야 하기에 제품회사를 선정하여 염색 차트의 색상을 계열별로 조사하여 분석해 봅시다.

레벨의 색상	염색 차트	
	검정 모	흰색 모
옐로우 계열		
오렌지 계열		
핑크 계열		
레드 계열		

레벨의 색상	염색 차트	
	검정 모	흰색 모
퍼플 계열		
갈색 계열		
블루 계열		
그린 계열		
애쉬 계열		

PART
03

헤어디자인 개발

ANALYSIS AND DEVELOPMENT OF BEAUTY TRENDS

헤어디자인 개발

뷰티 트렌드의 와칭과 분석을 통하여 수집한 정보를 헤어디자인에 적용할 수 있도록 해본다. 분석을 통해서 선정된 헤어디자인에 대해 다시 한번 분석을 한 후에 도해도를 작성하고 도해도에 따른 형태를 완성한 후에 질감 표현과 컬러링으로 완성하고 헤어 제품을 이용하여 헤어스타일링을 완성하도록 한다.

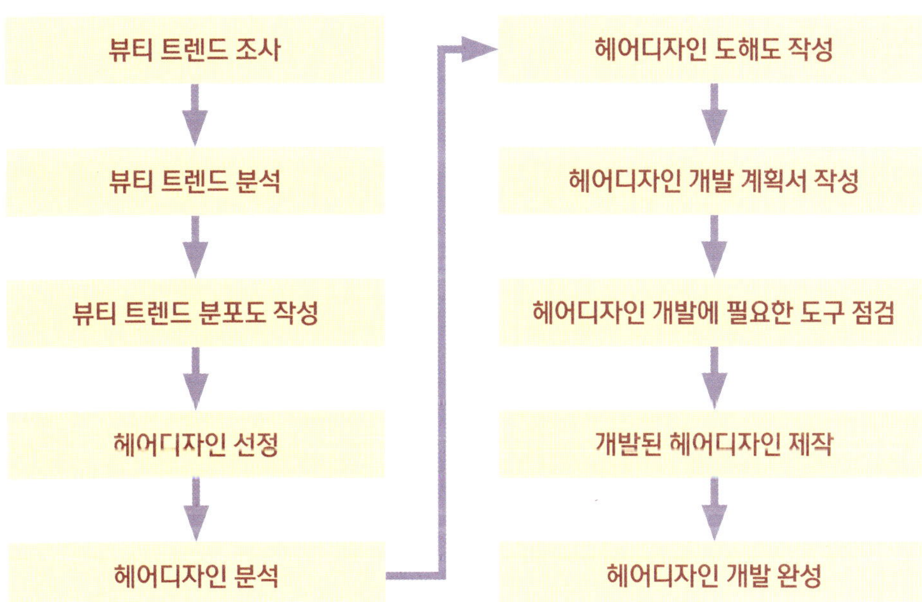

| 헤어디자인 개발 흐름도 |

Beauty Trend Analysis

주제	날짜
	형태
	질감
일러스트 & 이미지	컬러

도해도

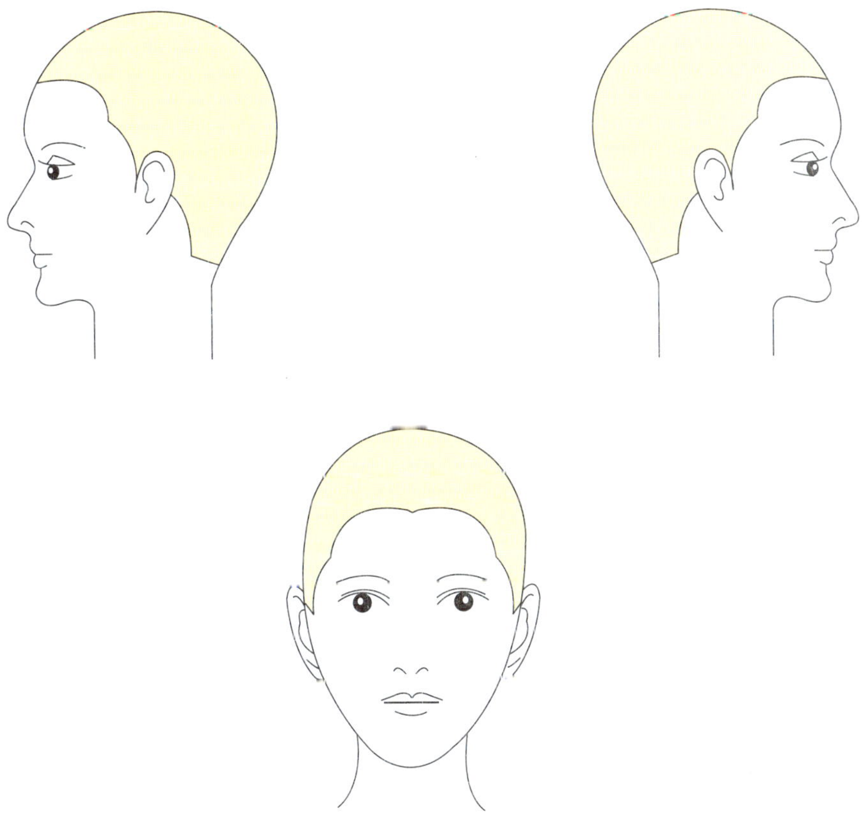

Hair Style Practice

주제	날짜
	형태
	질감
일러스트 & 이미지	컬러

완성 사진			

완성 스타일 설명

Beauty Trend Analysis

<table>
<tr><td>주제</td><td>날짜</td></tr>
<tr><td rowspan="2"></td><td>형태</td></tr>
<tr><td>질감</td></tr>
<tr><td>일러스트 & 이미지</td><td>컬러</td></tr>
<tr><td colspan="2">도해도</td></tr>
</table>

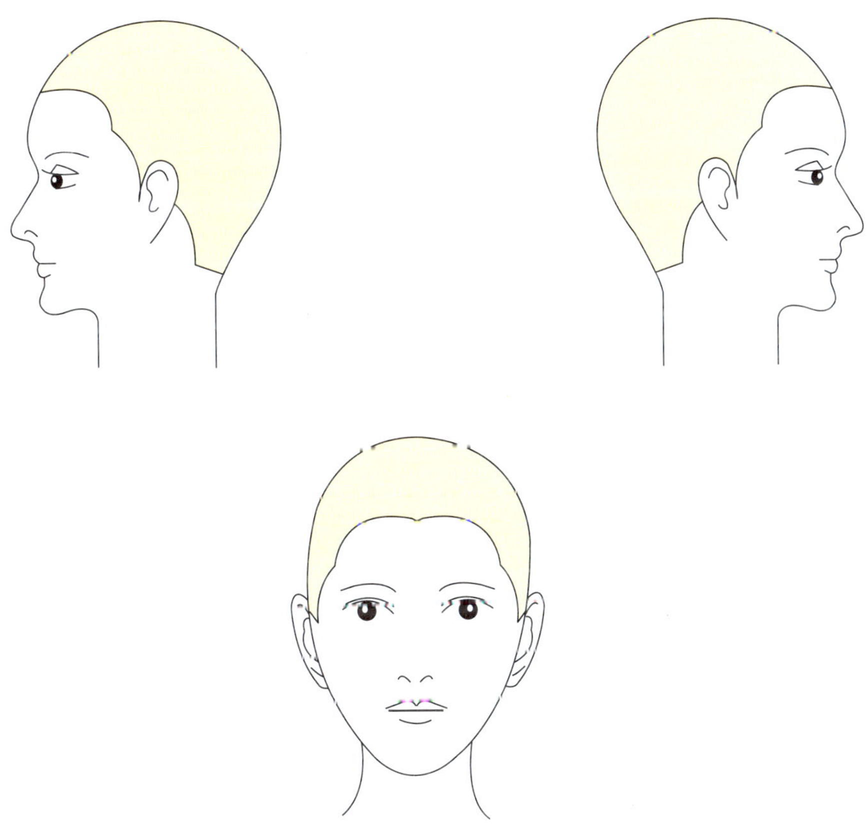

Hair Style Practice

주제	날짜
	형태
	질감
일러스트 & 이미지	컬러

완성 사진

완성 스타일 설명

Beauty Trend Analysis

주제	날짜
	형태
	질감
	컬러
일러스트 & 이미지	

도해도

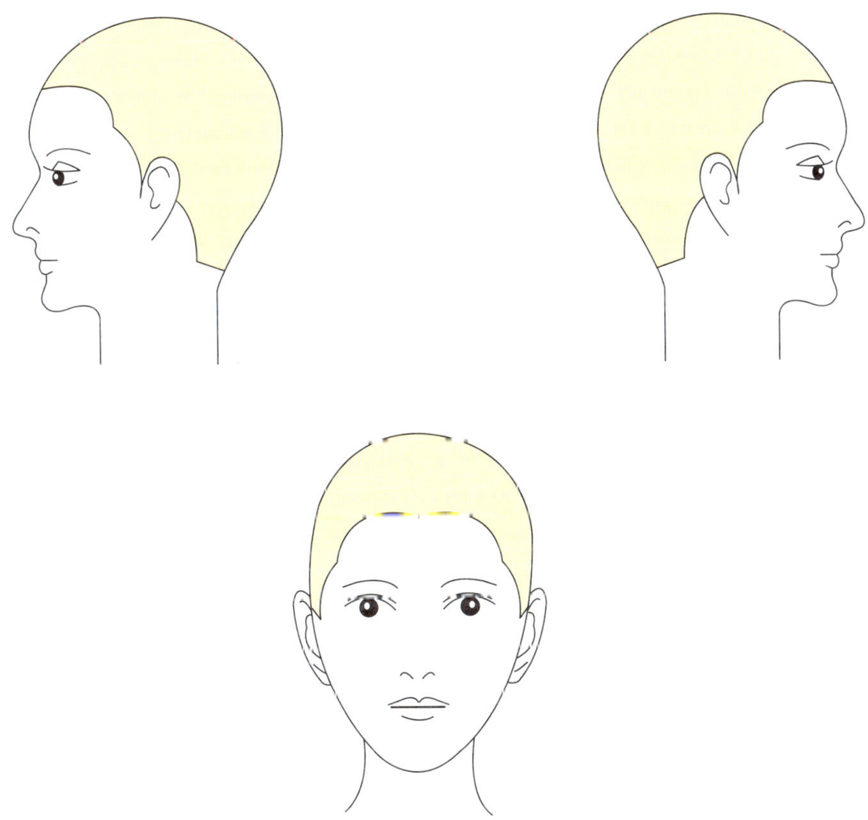

Hair Style Practice

주제	날짜
	형태
	질감
일러스트 & 이미지	컬러

완성 사진

완성 스타일 설명

Beauty Trend Analysis	
주제	날짜
	형태
	질감
일러스트 & 이미지	컬러
도해도	

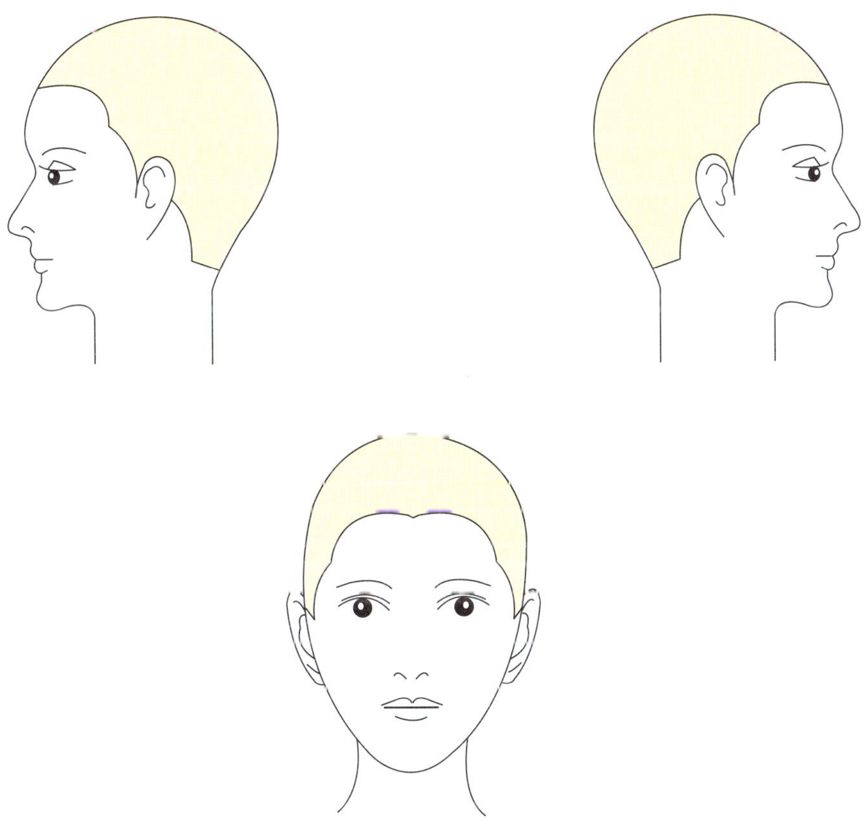

Hair Style Practice

주제	날짜
	형태
	질감
일러스트 & 이미지	컬러

완성 사진			

완성 스타일 설명

Beauty Trend Analysis

주제	날짜
	형태
	질감
일러스트 & 이미지	컬러

도해도

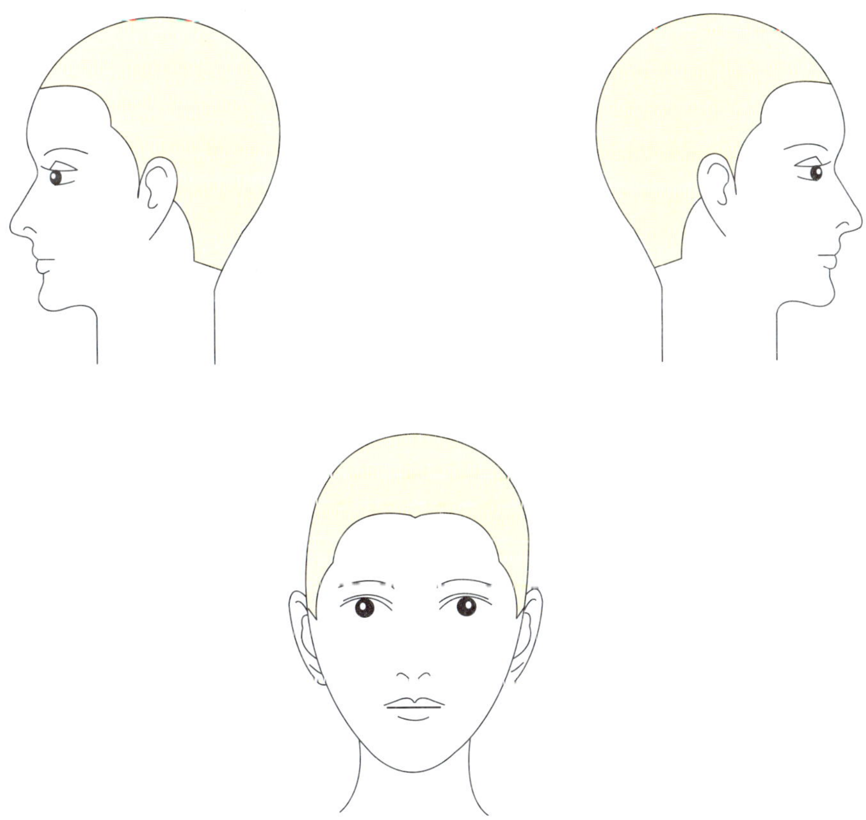

Hair Style Practice

주제	날짜
	형태
	질감
일러스트 & 이미지	컬러

완성 사진

완성 스타일 설명

저자 소개

■ 이현진

- 정화예술대학교 교수
- 서경대학교 미용예술학 박사
- 국가기술자격검정 미용기능장
- 국가기술자격검정 이용기능장

■ 임선희

- 에이큐미용타운 대표
- 정화예술대학교 겸임교수
- 대한민국 산업현장교수
- 우수숙련자
- 국가기술자격검정 미용기능장
- 국가기술자격검정 이용기능장

■ 유현아

- 정화예술대학교 겸임교수
- 남부대학교 향장미용학 박사
- 국가기술자격검정 미용기능장
- 국가기술자격검정 이용기능장
- 현아미용실 대표

■ 하성현

- 정화예술대학교 교수
- 서경대학교 미용예술학 박사
- 전)하희정뷰티크리닉 운영
- 전)서경대학교 평생교육원 겸임교수
- 전)국제대학교 외래교수

■ 차현희

- 정화예술대학교 방송영상연기학부 방송영상전공 교수
- 서울과학기술대학교 방송통신정책전공 공학박사
- 서울과학기술대학교 시각디자인학전공 미술학석사
- 전국기능경기대회 그래픽디자인 심사위원
- 국가기술자격시험문제 검토위원
- 과학기술인등록

참고문헌

박병철, 《트렌드 읽는법》, 원앤원북스, 2013.

김선주 · 안현정, 《트렌드와칭》, ㈜북이십일 21세기북스, 2013.

김혜경, 《패션 트렌드와 이미지》, 교문사, 2015.

양수미 · 최정선, 《방송 스타일리스트》, 범논사, 2009.

윤영돈, 《기획서 마스터》, (주) 새로운 제안, 2015.

오지영 · 권기형, 《뷰티 발상과 특허 창업》, 구민사, 2015.

이길규 외, 《구조화 분석기법》, ㈜박영사, 2016.

맹유진, 《헤어컬러링》, 광문각, 2018.

송발룡 외 2인, 《뷰티신입 비즈니스 컨설팅》, 구민사 2014.

국가직무능력표준 NCS http://ncs.go.kr 학습모듈

[네이버 지식백과] (선샤인 논술사전, 2007. 12. 17, 인물과사상사)

[네이버 지식백과] (두산백과)

[네이버 지식백과] (패션전문자료사전, 1997. 8. 25, 한국사전연구사)

[네이버 지식백과] (아이디어발상법, 2014. 4. 15, 커뮤니케이션북스)

[네이버 지식백과] (HRD 용어사전, 2010. 9. 6, (주)중앙경제)

[네이버 지식백과] (시사상식사전, 박문각)

NCS 기반으로 한

뷰티 트렌드 분석 및 개발

2018년 8월 31일 1판 1쇄 인 쇄
2018년 9월 5일 1판 1쇄 발 행

지 은 이 : 이현진 · 임선희 · 유현아 · 하성현 · 차현희
펴 낸 이 : 박정태

펴 낸 곳 : **광 문 각**

10881
경기도 파주시 파주출판문화도시 광인사길 161
광문각 B/D 4층
등 록 : 1991. 5. 31 제12-484호
전 화(代) : 031) 955-8787
팩 스 : 031) 955-3730
E - mail : kwangmk7@hanmail.net
홈페이지 : www.kwangmoonkag.co.kr

ISBN: 978-89-7093-914-8 93590
값: 15,000원

KSPA 한국과학기술출판협회회원

불법복사는 지적재산을 훔치는 범죄행위입니다.
저작권법 제97조 제5(권리의 침해죄)에 따라 위반자는 5년 이하의
징역 또는 5천만원 이하의 벌금에 처하거나 이를 병과할 수 있습니다.